智能产品

服务系统
设计研究

朱 彦 著

中国轻工业出版社

图书在版编目（CIP）数据

智能产品服务系统设计研究 / 朱彦著．—北京：
中国轻工业出版社，2025.2

ISBN 978-7-5184-4292-8

Ⅰ.①智… Ⅱ.①朱… Ⅲ.①产品设计—智能设计—
研究 Ⅳ.①TB21

中国国家版本馆CIP数据核字（2023）第085820号

责任编辑：李　红　　责任终审：李建华　　整体设计：锋尚设计
策划编辑：李　红　　责任校对：宋绿叶　　责任监印：张京华

出版发行：中国轻工业出版社（北京鲁谷东街 5 号，邮编：100040)
印　　刷：北京建宏印刷有限公司
经　　销：各地新华书店
版　　次：2025年2月第1版第2次印刷
开　　本：720×1000　1/16　印张：12
字　　数：280千字
书　　号：ISBN 978-7-5184-4292-8　定价：58.00元
邮购电话：010-85119873
发行电话：010-85119832　010-85119912
网　　址：http://www.chlip.com.cn
Email：club@chlip.com.cn

2015年5月，国务院印发中国实施制造强国战略首个十年行动纲领《中国制造2025》。2017年7月，国务院印发《新一代人工智能发展规划》。2019年3月，中央全面深化改革委员会审议通过《关于促进人工智能和实体经济深度融合的指导意见》。我国政府这一系列重要文件的发布，预示着人工智能这一科技革命的新兴代表力量，已经从技术研究迈向实践应用，渗透到交通、环卫、物流、养老、医疗、教育、工业、家政、商贸、娱乐等多个行业领域。在这样的情境下，各类智能产品迅速占领了人们日常生活的每一个片段，改变了人们传统的生活方式，并逐渐成长为每一个人的亲密伙伴，它们善解人意又体贴入微，不断提高着人们的工作效率和生活质量。

智能产品是一种具备查看、理解和分析能力的产品，可以根据人们所处的具体环境接收与处理信息，实现自动感知和自主决策，为人与信息世界搭建了一座沟通桥梁。然而，单个智能产品的效用境域终归是有局限性的，如何让置于错综复杂场景中的智能产品最大限度地发挥功效，更好地服务于人，需要从更宏观的系统视角去规划。

研究者Valencia Cardona于2014年首次对智能产品服务系统做出定义。继之，研究者Zheng又提出，智能产品服务系统是一种由物联网、人工智能和云计算等技术驱动的价值共创体系，包括各类利益相关者、智能系统和智能产品以及它们所提供的数字化服务。智能产品的横空出世必将打破传统产品的设计体系，重新定义制造与服务模式。单纯聚焦智能产品的开发设计逻辑已经无法完成用户需求价值服务的共创，对智能产品服务系统进行研究是当下共享体验经济和参与共创模式发展的必然趋势，设计与服务已成为时代发展的决定性因素。在智能产品服务系统的视角下，可以从系统层面梳理场景要素与挖掘用户需求，分析相关服务场景，并将智能产品作为系统中的要素进行产品与服务的整合创新设计，从而创造更大的增值服务价值，这也正是本书选题的源起之点。

最后，感谢为本书撰写默默提供支持和帮助的所有人，你们是我学术道路上不断前进的动力！

作者
2023年1月

目录

3

第三章

智能产品与服务设计思维

第四章

智能产品的服务系统
设计流程

智慧养老
——老年人智慧健康管理服务系统设计

第五章

第六章

智慧骑行
——智慧景区共享电车产品服务系统设计

第七章

智慧乡村
——马桥镇智慧文旅服务系统设计

第八章

智慧启蒙
——智慧幼儿教育服务系统设计

第九章

智慧水生
——智能饮水机服务系统设计

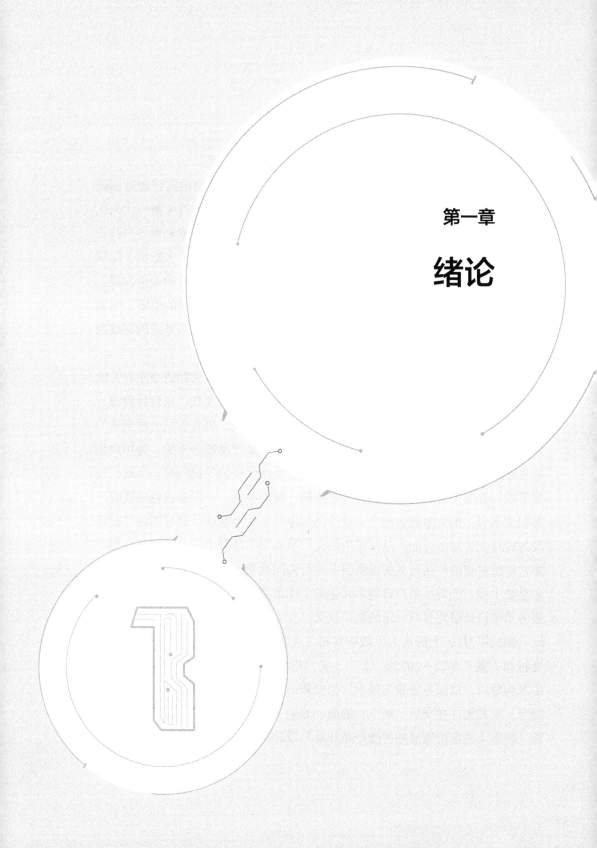

第一章

绪论

1.1　研究背景与意义

智能产品已成为当今社会生活中不可或缺的重要角色。

2015年5月，国务院印发《中国制造2025》[1]，这是中国实施制造强国战略的第一个十年行动纲领。2017年7月，国务院印发并实施《新一代人工智能发展规划》[2]，进一步明确加快建设人工智能创新型国家和世界科技强国的重大战略。文件指出，要大力推动移动互联网、云计算、大数据、物联网与现代制造业结合，促进电子商务、工业互联网和互联网金融健康发展。"互联网+先进制造业+现代服务业"将成为未来中国经济发展的引擎，引发产业、经济与社会的巨大变革，互联网与先进制造业和现代服务业的深度融合，将不断触发新的销售业态和服务模式[3]。

人工智能技术的迅猛发展推动了智能产品的普及，各大制造企业对智能产品的设计研究也越来越关注，其重点仍聚焦在需求研究和产品设计阶段。智能产品不仅是传统产品在人工智能层面的技术迭代，更开创了一种全新的产品服务体系与模式。如何将智能技术转化为智能产品服务系统，为用户创造更好的使用体验、提供更优的服务质量是亟待解决的关键问题。当前，智能手机、智能手表、智能电视、智能冰箱、智能空调……形形色色的智能产品层出不穷，绝大多数智能产品设计仍然停留在物理层面，即智能硬件的开发与设计上，对由智能产品所衍生的无形服务则关注较少；另一方面，用户非常期待对智能产品及其所提供服务进行协同消费，构建完善的智能产品服务系统生态，能满足用户日趋多元化的个性消费需求。因此，进行智能产品服务系统设计研究具有一定的创新意义。

2022年7月，上海市人民政府发布《上海市促进智能终端产业高质量发展行动方案（2022—2025年）》[4]，文件指出，智能产品的发展需要以市场需求为导向，以服务场景为抓手，把握新市场、新业态、新服务、新需求的融合，尤其关注在交通、环卫、物流、养老、医疗、教育、工业、家政、商贸、娱乐十大应用领域的智能产品开发与设计。

1.2　研究内容

本书通过对智能产品设计领域中服务设计理论的研究，构建智能产品服务系统设计思路，并通过相关实践案例进行论证。全书各章节主要研究内容如下：

第一章绪论部分主要论述研究背景与意义，梳理研究内容与全书结构。

第二章是智能产品设计演进与技术要素研究，分析了产品设计特征随四次工业革命发展而发生的演进规律，明确智能化、物联化和数据化是智能时代的产品典型特征，基于智能产品的性能与特征，归纳了智能产品设计的技术支撑，并对智能产品的五感交互进行了探讨。

第三章是智能产品与服务设计思维研究，基于智能产品与智能环境的深度剖析，归纳了智能产品应用的典型场景与服务，进而阐述了服务设计的定义与特征，以及服务设计应用在智能产品中的相关研究方法。

第四章是智能产品的服务系统设计流程研究，从用户研究与产品调研切入，梳理场景要素和挖掘用户需求，由此可对相关服务场景进行分析与设计，继而设计智能产品原型，并进行测试与验证。

第五章至第九章是实践案例论证，积极响应《上海市促进智能终端产业高质量发展行动方案（2022—2025年）》导向指引，重点关注养老、交通、娱乐、教育与商贸五大领域，从智慧养老、智慧骑行、智慧乡村、智慧启蒙和智慧水生这五个典型应用场景切入，进行智能产品服务系统设计研究，是在大数据人工智能时代对智能产品服务系统设计理论创新的有益探索。

参考文献

［1］　国务院. 国务院关于印发《中国制造2025》的通知［EB/OL］. 2015-05-19［2022-11-06］. http://www.gov.cn/zhengce/content/2015-05/19/content_9784.htm.

［2］　国务院. 国务院印发《新一代人工智能发展规划》［EB/OL］. 2017-07-20［2022-11-06］. http://www.gov.cn/xinwen/2017-07/20/content_5212064.htm.

［3］　周济. 智能制造——"中国制造2025"的主攻方向［J］. 中国机械工程，2015，26（17）：2273-2284.

［4］　上海市政府. 上海市促进智能终端产业高质量发展行动方案［EB/OL］. 2022-07-08［2022-11-08］. https://www.shanghai.gov.cn/202214bgtwj/20220720/bc7122962a2247da81d4a9a94a9bf793.html.

第二章

智能产品
设计演进与技术要素

　　分析产品设计随工业革命发展而发生的时代演进特征，有助于全面理解产品设计创新的规律和智能产品系统的内涵。产品设计的发展和演进是人类文明进步的最直观表现，集中反映了不同历史时期的经济、社会、文化和技术现状。迄今为止，人类社会已经历了三次工业革命，并且正值第四次工业革命的开端。每一次工业革命都产生了深刻的社会变革，改变了整个世界的面貌，改变了人类创造价值的方式，更改变了人与自然相互作用的方式。工业革命中，技术、政治和社会制度共同演进，对各行各业都产生了强烈冲击。产品是工业革命的重要结果，是先进技术物化的重要载体，也是人类社会需求的重要表达。

2.1　产品设计特征的演进规律

2.1.1　产品机械化、标准化和批量化

　　第一次工业革命是指18世纪60年代从英国发起的技术革命[1]，1776年，瓦特发明了蒸汽机，以蒸汽机作为动力机被广泛使用拉开了第一次工业革命的序幕。从创造蒸汽机和修筑铁路开始，第一次工业革命指引全社会迅速实现机械化批量生产，并奠定了现代工业设计的根基。原先以家庭作坊为单位纯手工打造产品的方式开始向机器制造转变，产品设计的特征是机械化、标准化和批量化。

　　第一次工业革命首先在社会的物质生产层面进行革新，机器开始大规模普及，大型工厂也逐步建设。用于通勤的交通工具纷纷以动力驱动方式取代了人力或畜力驱动，使得生产、流通和消费都迅速扩大，家庭作坊迅速衰退，劳动力纷纷转向工厂，手工艺生产向机械生产转变成为趋势，机器成为取代手工劳动的新生产方式[2]，也成为加工制造产品的主流方式，这种生产方式的革命性发展彻底颠覆了人们的衣、食、住、行、劳作、休息、娱乐和社会交往，机械化产品成为人们日常生活中不可缺少的部分。

　　产品制造的标准化程度影响着产品零件相互间的可替换性，标准化可以减少产品零部件的种类和规格，使产品的维修更加便捷，标准化的制定是规

范生产活动和实现大规模生产的必要条件[3]。由于缺乏廉价劳动力，美国机械化的速度远超欧洲。美国开发了一种能适应机械化生产的新模式，最早应用在枪械制造和军火生产中，由此建立了大规模工业生产的基本流程与范式，被称为"美国制造体系"，该体系的核心特点是标准化产品的批量生产和产品零部件的互换性。这种体系并不限于生产方法，还影响生产的组织和协调、工艺特点、商品的市场开发以及产品的类型与形式等，因而也深深影响了产品设计。

资本主义生产方式正是从第一次工业革命开始，由家庭作坊阶段向机械工业阶段转变。这次革命在社会政治、经济和意识形态等方面都产生了深远影响。其既是生产技术的根本变革，又是一场剧烈的社会关系的变革，原先以小块土地私有制和个体家庭为生产单位的农民阶级渐渐退出了历史舞台，工业资产阶级和工业无产阶级成为推动社会生产发展的主力军。

2.1.2　产品电气化、轻量化和模块化

第二次工业革命是指19世纪中期，欧洲国家和美国、日本的资产阶级革命或改革的完成，促进了经济的发展[1]。电力与流水线的发明进一步推动了社会产品的大规模生产，在此期间，电力被广泛应用，产品设计的特征是电气化、轻量化和模块化。

电力取代蒸汽机成为机器新的驱动能源有两个重要标志：一是德国人维尔纳·冯·西门子（Ernst Werner von Siemens，1816—1892年）在1866年首先发明了有实际应用功效的直流电动机；二是比利时人格拉姆（GrammeZénobeThéophile，1826—1901年）在1869年发明了真正能用于工业生产的环形电枢发电机。伴随着大量以电力技术为核心的新产品不断涌现并走进人们的日常生活，人类开始迈入电气时代，电扇、电车、电冰箱等一系列产品都是电力普及应用后所诞生的具体产品载体。1885年，德国人卡尔·本茨（Carl Benz，1844—1929年）把内燃机装在了三轮马车上，制造了全世界范围内第一辆汽车[2]，对陆地交通运输的发展做出了里程碑式的贡献。紧接着，火车、飞机等交通工具的动力装置纷纷采用内燃机技术，这些伟大的发明改变了人们的生活方式，加强了人与人之间的交流，电动工具的研制和使用极大提高了劳动效率和加工精度[4]。以电力作为产品的动力

源使得产品本身的机械装置不再成为影响产品工业设计的首要因素，机械结构的表达从产品外部转向内部[5]，产品的功能和结构往小型化发展，使外观造型设计拥有了更大的自由度，呈现出造型轻量化的趋势。

设计师拉姆斯（Dieter Rams，1932—）和古格洛特（Hans Gugelot，1920—1965年）合作为博朗公司设计的SK系列组合音响将产品造型归纳为有序的、可组合的几何形态设计模式。设计时首先创造一个基本模数单位，在这个单位上反复发展，形成完整的系统，这是最早基于模块化设计的产品。每一个单元都可以自由组合，以基本单元为中心，形成高度系统化和简单化的形式，整体感非常强。模块化设计理念建立在系统设计之上，其宗旨是在繁杂的客观世界中保持一种有条理的秩序性和组织性，让事物与事物间始终处于互相联系又彼此牵制的状态。模块化设计方法使用户在标准化流水线上制造的产品中可以进行多种组合或装配关系的选择[2]，把生产标准化与市场需求多样化统一起来，设计在这一进程中起到了关键作用。

第二次工业革命大幅提高了社会生产力的发展水平，伴随着垄断组织的出现，资本主义生产的社会化趋势越来越明显。整个社会的政治、经济、意识形态、军事科技又一次发生了颠覆性变革。

2.1.3　产品自动化、信息化和系统化

第三次工业革命从20世纪四五十年代开始，以原子能技术、航天技术、电子计算机技术的应用为代表，还包括人工合成材料、分子生物学和遗传工程等高新技术[1]。这一时期产品设计的特征是自动化、信息化和系统化。

1946年，美国在世界范围内首次发明了通用电子数字计算机"埃尼阿克"（ENIAC）。1947年，美国科学家发明了半导体晶体管，使人类进入一个新的时代。以电子和信息技术为先导，一场信息产业革命席卷全球，而这次革命直接导致了信息、电子、计算机等的诞生和发展。面对崭新的领域，设计师们发挥了各自的智慧。系统论、信息论、控制论是自动化时代的三大理论基础[6]，基于三大理论的研究，电子管、集成电路、无线电和计算机等技术先后问世[7]。高度自动化机械制造是这个时代普遍采用的加工方式，能量之间转换的速度越来越快，互联网通信技术的广泛应用使知识和信息在

全球范围内迅速流转，知识成为首要的经济因素，引发了社会各领域的全面革新。

　　1968年，美国计算设备公司（DEC）运用10年前由贝尔公司发明的微型集成电路块设计了首批微型计算机。1971年，美国著名的英特尔（Intel）公司首次生产了微型处理器，这种用一块单独的硅集成电路板制造的机器，成为首批可利用的商业性产品。之后又生产出口袋式便携计算机，紧接着是计算机手表，这种新型的数字式手表准确、易读，很快风靡全球。早期可控制的洗衣机、汽车、缝纫机、烤箱和电子灶等产品都使用了微处理器作为功能操控内核，使得产品更加自动化和多功能化。

　　随着技术的进一步发展，多个机器可以通过计算机通信网互相连接、共享资源和协同工作，集成电路和新型元器件的发展让自动化功能仅依靠一块小小的电路板就能实现，产品的体积变得越来越小，价格更加便宜，造型也更加自由。显示屏的出现使操作产品不仅可以依靠物理按键，还可以通过显示屏传达产品的工作状态，人机界面开始被纳入设计范畴。硬件技术和市场需求等因素的影响，使得产品本身综合了更多的利益载体，趋向于以系统化的方式出现，产品与用户和环境之间的关系研究成为设计的重要内容。

　　信息论和数字计算出现革命性突破，成为第三次工业革命的核心技术。和前两次工业革命一样，第三次工业革命的动力并非数字技术本身，而是技术改变经济和社会结构的方式。信息的存储、处理和传输实现了数字化，让所有行业都"重新格式化"，深刻影响了数十亿人的工作与生活方式[8]。计算机技术革命使得社会的工业布局被重新规划，新兴的信息产业取代了机械、石油、化工、汽车、钢铁等传统工业。设计的重点也由工业产品转向高新技术产品，经过几十年的发展，原本仅应用于实验室中的计算机也走入普通用户家庭，在外观造型上趋向更人性化的设计风格。随着技术的飞速发展，智能手机、消费电子产品和通信产品的普及，设计越来越关注产品的人机交互和用户体验。

2.1.4　产品智能化、物联化和数据化

当下，人们已经携手跨入第四次工业革命的时代。第四次工业革命不仅

是一次产业革命，更是对劳动力的解放。互联网在社会生活中的渗透使得产品的移动性大幅提高。物联网、人工智能、云计算等先进技术是第四次工业革命的核心技术，这一时期的产品实现了基于物联网的万物互联，产品设计的特征是智能化、物联化和数据化。

2007年，苹果公司推出了标志性产品——iPhone，智能手机真正为更多用户所接受，一部功能强大的手持智能设备实现了点对点实时通信，这在第四次工业革命中具有里程碑式的意义。智能手机中的电子芯片可以存储数据、位置、音频、视频等。用户将智能手机与其他设备连接后，智能手机还能作为遥控器、个人数据显示器或移动存储设备，能接收事件提醒，支持电子凭证、金融支付系统，通过社交媒体数据能持续采集、分析和管理社会中的各类事件。

物联网是核心基础设施，由一系列智能互联传感器组成。这些传感器根据需要收集、处理和转换数据，再将数据传输给其他设备或个人，实现系统或用户的目标。随着植入产品的传感器体积变小、性能变强、成本变低，人们的工作、生活方式将变得更加智能和便捷。物联网使生产和销售之间的互动联系更加紧密，产品的销售状况可以及时传达给生产企业，由此逐渐发展出了一种新的以消费者为中心的商业系统。企业由传统的反应型制造模式转变为预测型制造和服务型制造模式[9]。社会进入第四次工业革命后，消费群体越来越趋向于年轻化，中产阶级成为市场消费的主力军，消费需求从基础层面向价值与精神层面转变，消费者越来越注重产品的使用体验，他们希望生产企业能根据用户特征量身打造符合预期的产品或服务。企业通过物联网获取消费者使用产品的流程与数据并转化为对生产制造及库存量的控制，依托物联网大数据建立个性化的用户服务体系，提升服务质量。

在智能时代，企业开发产品的重要决策基础是数据。数据在产品的定义、开发、市场和迭代等全生命周期中都起到举足轻重的作用[10]。人们的社会交往在移动互联网的加持下变得迅速而简单，物联网为产品与用户之间架构了全新的系统，智能产品依靠云计算具备了高效的运算处理能力。智能家居、智能汽车、智能可穿戴设备、智能社区等生态系统的运行都需要获取用户的使用数据，数据的运用使企业开发产品的方式产生了颠覆式变革，从设计师的个人技能驱动转向用户群体的数据驱动[11]。用户使用产品会不断产生新的数据，企业充分挖掘用户行为数据进行分析并与用户共同参与到产品开发的整个流程中，使得产品和服务与用户的需求更加匹配。当代社会已经从单纯重视商品消费使用迈向注重信息与服务的时代。

综上所述，产品设计随四次工业革命推进而发生的时代演进，反映了不同历史时期的社会经济和技术特点。第一次工业革命和第二次工业革命均以能源转型为基础，第一次工业革命开始使用蒸汽动力，第二次工业革命大规模使用电力，在第四次工业革命开始之际，可再生能源将成为新的能源获取和储存方式。从工业社会到后工业社会，设计的范畴得到了极大拓展，由主要为制造业服务扩展到为旅游、健康、医疗、金融等产业服务，由主要设计产品的造型与功能扩展到设计企业形象、使用流程、售后服务等。互联网和人工智能的普及，对社会与文化产生了极大冲击，使得设计的对象、内涵和方法都发生了重大变化。第三次工业革命中，电子计算机和互联网的普及使得世界范围内的产业结构发生了重大变化，在第四次工业革命中，物联网、大数据和人工智能势必将引发社会的又一次巨大变革，传感器、硬件等领域的技术革新，使得产品向着省电化、小型化方向发展。互联网上众多搜索引擎的应用更新了人们信息获取的方式，社交小程序的普及为人们建构了强大的社交平台，线上金融支付刷新了人们的购物方式和信用体系。当下，几乎所有的产品和服务都与互联网密不可分，设计由注重单纯的产品硬件开发转为全流程的服务设计研究，更加注重人与产品、服务之间的互动。第四次工业革命以信息技术、计算机技术、新材料技术、生物工程技术和数字化技术等高新技术为基础，以数据驱动为主要标志，设计与服务成为时代发展的决定性因素。随着人工智能技术和共享体验经济、参与式共创模式的发展，设计的外延不断拓展到服务设计、交互设计、智能家居、社会创新、健康医疗、智慧旅游、智能产品等领域。

2.2　定义智能产品

人类历史上的四次工业革命推动了产品设计的演进，智能产品伴随着第四次工业革命而产生，并衍生了创新的产品服务模式。

2.2.1　人工智能

人工智能是研究、开发用于模拟、延伸和扩展人的智能的理论、方法、技术及应用系统的一门科学[12]。伴随着理论的发展和技术的成熟，人工智能的研究领域逐渐拓展，包括计算机视觉、智能机器人、自然语言处理、深度学习和数据挖掘等。人工智能在本质上是对人类思维处理信息的功能模拟，人工智能可以模拟人脑的活动，在某些方面甚至能超越人脑功能，但其不能取代人的意识。

人工智能的主要目标是使产品能胜任一些复杂或人们无法从事的工作，其含义随时间的推移不断发生变化，目前是指基于软件的机器学习，20世纪60年代实现的机器人移动技术是人工智能发展的一大里程碑。人工智能是什么、人工智能可以做什么，这些内涵会随着每一次里程碑式变革的到来而不断被更新。

人工智能系统在设置目标时，关键在于对人工智能进行训练，使其能观察人类行为并确保自己的目标与人类的目标和价值观保持一致。即便是最聪明的人工智能系统也会有偏差，任何算法的准确性与有效性均同时取决于设计和训练所用数据的性质。如果设定有误或采用缺乏代表性的训练数据，再强大的算法也会产生偏差或严重错误[8]。

2.2.2　智能产品的定义

古今中外，学术界对智能的定义仍未统一。中国古代思想家把智与能看作是两个相对独立的概念，智能是智力和能力的总称。《荀子·正名篇》："所以知之在人者谓之知，知有所合谓之智。所以能之在人者谓之能，能有所合谓之能"。其中，"智"指进行认识活动的某些心理特点，"能"则指进行实际活动的某些心理特点[13]。《牛津词典》中智能的具体内涵是考查、研习、领会和剖析的能力。《新华字典》中智能的具体内涵是指智谋和才能。美国斯坦福人工智能研究中心N.J.尼尔逊（N.J.Nilsson，1933—）指出："智能是关于知识的学科，主要研究如何呈现知识的内容、取得知识的途径以及运用知识的方法"[14]。

结合关于智能的定义，智能产品可以理解为是一种具备智能化特征、使用简便且通过人的直觉就可以进行操作的产品。让产品具有查看、理解和分析的本领，使其可以自动感知和自主决策，可以根据使用者所处的具体使用场景和环境接收信息和处理信息，并做出自适应调节和反馈，以满足使用者的实时需求，实现与使用者的交流与互动。相对于传统的功能性产品而言，智能产品是技术的全面升级，计算机和互联网技术为人和信息之间架构了桥梁连接，智能产品所具有的智能特性让人和产品之间的信息交流变得更加流畅[15]。

2.2.3　智能产品的性能

哈佛大学商学院教授迈克尔·波特（Michael E.Porter，1947—）与美国PTC公司首席执行官詹姆斯·赫佩尔曼（James Heppelmann，1965—）于2015年共同发表的论文《物联网时代的企业竞争战略》中，就智能产品应具备的性能进行了论述[16]。性能的原意为"某组织所具有的能力"，在这里可以理解为某产品通过和其他产品或系统进行关联，进而实现的某种性能。使智能产品的性能得以实现，一般需经历以下几个阶段，即监测、自动控制、自适应和自律性。

监测：通过传感器等收集当前环境、状态的相关数据，并实现其"可视化"；自动控制：判断当前情况，实现利用机器向机器发出指令这一功能；自适应：能自行根据周围的情况调整、修正自身性能；自律性：无须接受人的指令即可完成自主判断并采取行动。实现以上每个阶段的前提，是必须实现之前的一个阶段。例如若想实现产品自动控制，必须先实现其监测功能；若想实现产品的自适应，必须先实现其自动控制功能。

2.2.4　智能产品的特征

智能产品不是单纯的物质载体，而是物联网、人工智能、云计算等多种先进技术的综合表现。Mühlhäuser M将智能产品的特征归纳为三个层次，包括感知层、学习层和智慧层[17]。

感知层特征是指智能产品具有感知和获取场景中不同信息的能力，并且可以实现与产品、人之间的多向交流沟通。智能产品可以通过部署在智能环境中的传感器，随时感知用户使用产品的行为和情境，在获取相关信息后能基于不同的场景去执行任务，即智能产品始终处于动态运行的状态。

学习层特征是指智能产品可以不断学习用户使用习惯等相关数据，对其运行行为进行自适应调整。与传统产品相比，智能产品通过学习可以拥有决策和执行的功能，从而可以识别不同用户的喜好与习惯，精准满足用户需求。

智慧层特征是指智能产品具备拟人化思维，能够探索未知的领域。智能产品可以在系统内要素结构关系和运行方式的约束与推动下，调节各个部分之间的关系，更好地发挥功效以便按照目标执行特定工作。智能产品基于不断的自我学习行为，可以持续完善系统性能与提升服务供给。

2.3　智能产品的技术支撑

智能产品的使用依托于物联网、传感器、云计算和大数据等技术的支撑，这是与传统产品之间的根本差异。传统产品与用户间是单向的使用和被使用的关系，智能产品则建立起用户、产品和使用场景之间的多维互动关系。用户的使用行为和习惯能被智能产品感知，智能产品也可以主动满足某一场景下的特定用户需求。传统产品通过硬件赋予和实现功能，而智能产品则同时需要硬件和软件的支撑，智能产品的功能实现依赖于硬件、软件、内容与服务等多个要素[18]。

2.3.1　物联网

20世纪90年代初，麻省理工学院自动化识别系统中心的研究人员开始考虑建造一种系统，允许物理世界中的设备通过传感器和无线信号相连。1997年，麻省理工学院的Kevin Ashton教授尝试使用RFID射频识别技术帮助日用消费品企业宝洁公司管理产品供应链，并在建立RFID全球标准中发挥了关键作用。1999年，Kevin Ashton最早对物联网的内涵做出定义，他认为"万物皆可通过网络互联"，即把所有产品都贴上电子标签，通过阅读器扫描标签可以将产品连接到互联网，进行产品信息的辨别和处理。数据为用户和产品之间建立了链接，将其全部纳入物联网和互联网组成的网络世界中[19]。广义上的物联网包含了大数据分析、人工智能分析、机器人和控制技术等多种内涵，物联网借助上述技术手段和系统，在产品、服务和场景与用户之间架构了一座交流沟通的桥梁，成为连接物理应用和数字应用的纽带。

AIoT（Artificial Intelligence and Internet of Things）即智能物联网技术，是物联网与人工智能技术的融合应用，也是物联网技术应用的一种新形态。智能物联网与传统物联网之间的区别是，在通过网络将所有独立产品进行互联互通的基础上，赋予产品更加智能化的特性，实现真正意义上的万物互联。联网后的智能产品会持续不断地报告用户使用情况、产品运行状态等信息，由此产生大量可供分析的数据，经由人工智能技术计算和分析，输出的结果能实时反馈，以便产品系统进行自适应调节和控制。智能物联网定位产品，并利用产品感知周围环境或完成自动化任务，这是一种监控、测量和理解世界与人类活动的方式。产品、用户和环境实时连接使用所生成的数据能提供关于物理世界和人类行为的分析依据，并以更智能的方式建立起一种应对变化的反应模型。因此，在智能物联网时代，将催生与之前传统工业产品完全不同的全新产品以及与产品配套的全新服务系统，这是人类社会基于科学技术发展所产生的生活方式的根本变革。

物联网一般包括三层框架：感知层、网络层和应用层。感知层中部署了各种类型的智能产品和传感器，可针对环境状况进行监控，如温度、湿度等，并可以接受远程控制、设定、操作或管理，且必须满足低耗能、低成本以及大量支持网络节点的特性。网络层包含有线或无线的网络技术与云端应用技术，以可靠的网络传输功能使每一个设备或装置都具有传输功能，可以将收集到的信息整合到数据管理中心，网络层的通信协议必须兼容与提供一个安全而稳定的网络环境。应用层是物联网后台的云平台和各类应用程序，它们针对搜集到的不同信息进行有效性分析与评估，或进行业务逻辑分类与分析判断，并且提供相关的服务。

数字科技、移动应用、云计算在影响人类行为和互动方面发挥着越来越重要的作用。伴随着物联网越来越深入人们的日常生活中，医疗保健、娱乐旅游、社会创新、服务零售等领域都将被重新定义。物联网、人工智能、云计算等技术在众多产业中的融合运用，使得用户会获得更多的个性化服务和体验。人工智能技术是物联网的处理中枢，大数据为产品的万物互联和人机交互创造了可能，云平台则是处理数据的坚实基础。

2.3.2 传感器

人们有很多感觉器官,如通过皮肤来感知温度,通过眼睛来获取图像,通过耳朵来接收声音。传感器就是智能产品的感觉器官,它通过感知周围环境为智能产品的运转与决策提供有用信息。传感器是指能够感受规定的被测量并按照一定的规律转换成可用输出信号的器件或装置,通常是由敏感元件和转换元件组成,基本性能是信息采集和信息转换[20]。

2.3.2.1 视觉感应

图像传感器:是一种利用镜片等光学设备让事物在二维的感光部件上成像,并将其转化为电子信号的硬件设备。感光部件上有光电二极管,因此可以测量光的强度,并根据RGB色彩模型合成彩色图像。图像传感器分为CMOS和CCD两种,CMOS的零件单价低、体积小,常用于智能手机。CCD单价较高、耗电量大,常用于高性能单反相机[16]。

色彩传感器:又称颜色识别传感器或颜色传感器,是将物体颜色同前面已经展示过的参考颜色进行比较来检测颜色的传感器,当两个颜色在一定的误差范围内相吻合时,输出检测结果。色彩传感器在终端设备中起着极其重要的作用,如色彩监视器的校准装置、彩色打印机和绘图仪以及医疗方面的应用,如血液诊断、尿样分析和牙齿整形等[21]。

手势追踪传感器:通过光线反射时间计算被检测物体的参数,基于机器视觉的方式获得手部运动状态信息[22],处理后可完成手势对智能产品的操控。手势追踪传感器可以避免手直接触摸产品或屏幕,使得操作更加高效便捷。手势追踪传感器在游戏终端、智能家居等领域有很好的运用前景,用户利用手势进行交互控制,可以获得沉浸式体验。

2.3.2.2 声学感应

声音传感器:声音传感器的作用相当于一个麦克风,可以接收声波,显示声音的振动图像,但不能对噪声的强度进行测量。声音传感器内置一个对声音敏感的电容式驻极体话筒,声波使话筒内的驻极体薄膜振动,导致电容的变化产生与之对应变化的微小电压,这一电压随后被转化成0~5V的电压,经过A/D转换被数据采集器接收并传送给相应设备[23]。

噪声传感器:与普通声音传感器不同,由于噪声信号是随机、无序的混合频率的叠加，所以它要求传感器的频带更宽、灵敏度更高[24]。

2.3.2.3　气体感应[25]

气体传感器：目前在实际中使用的气体传感器大多是半导体气体传感器，可以分为电阻式和非电阻式，半导体气体传感器是利用气体在半导体敏感元件表面的氧化反应和还原反应导致敏感元件电阻或电容发生变化而制成的。气体传感器在有毒、可燃、易爆、二氧化碳等气体探测领域有着广泛的应用。

烟雾传感器：又称烟雾报警器或烟感报警器，内部采用了光电感烟器件，能够探测火灾时产生的烟雾，可广泛应用于商场、宾馆、商店、仓库、机房、住宅等场所进行火灾安全隐患的检测。烟雾传感器内置蜂鸣器，报警后可发出强烈声响。

2.3.2.4　触觉感应

压力传感器：通常由压力敏感元件和信号处理单元组成，能感受压力信号，并按照一定规律将压力信号转换成可用输出电信号的器件或装置。压力传感器在智能助眠产品中有非常广泛的应用，压力传感器会收集人在睡眠中的翻身、呼吸等细微动作信息，帮助智能助眠产品分析判断用户的睡眠状态，并做出反馈交互行为，如智能枕头可以自动调节高度，帮助缓解打鼾，智能催眠装置可以将数据处理后合成催眠曲目，帮助人更快入睡。

湿度传感器：探测湿度情况并按照一定规律将其转换成其他电信号的测量器件。湿敏电阻是一种典型的湿度传感器，在基片上覆盖一层用感湿材料制成的膜，当空气中的水蒸气吸附在膜上时，元件的电阻率和电阻值都发生变化，利用这一特性即可测量湿度。湿度传感器能监控环境中的湿度，在食品保护、环境检测等方面有着重要应用。

2.3.2.5　接近感应[20]

接近传感器：是一种具有感知物体接近能力的器件，对接近的物体具有敏感特性，能检测物体的移动和存在信息，并转化成电信号输出。接近传感器在公共场所自动门、自动热风机上都有应用，在安全防盗方面也发挥了重要作用，如资料档案馆、博物馆、金库等重地通常都装有接近传感器组成的防盗装置。

超声波测距传感器：由超声波发射器向目标物体发射超声波，在发射时开始计时，超声波在空气中传播，遇到目标物体立即返回，超声波接收器收到反射波就立即停止计时，处理后即可测定目标距离。

激光测距传感器：由激光二极管对准目标物体发射激光脉冲，经目标物体反射后激光向各方向散射，部分散射光返回接收器，被光学系统接收后成像到内部具有放大功能的光学传感器，检测极其微弱的光信号，记录并处理从光脉冲发出到返回被接收所经历的时间，即可测定目标距离。

红外测距传感器：具有一对红外信号发射与接收二极管，发射管发射特定频率的红外信号，经目标物体反射后被接收管接收，记录并处理发射管发射红外线到遇到目标物体反射后被接收管接收这一过程所需时间，即可测定目标距离。

RFID传感器：射频识别传感器采用非接触双向数据通信方式，利用无线射频技术读写电子标签或射频卡，进行识别目标和数据交换，被认为是最具发展潜力的信息技术之一。

2.3.2.6 微机电系统（MEMS）

加速度传感器：加速度传感器能测量物体移动时伴随的速度变化。测量电路使用可以集合微型外围电路的MEMS技术，其中有微型测锤并由弹簧加以固定，测锤会在加速度的作用下发生微小的偏移，需要测量的就是偏移的量。三轴加速度传感器可以感知静止状态下重力的方向[16]。加速度传感器可用于汽车安全气囊、防抱死装置（ABS）、牵引控制系统。加速度传感器可以检测人走动时产生的规律性振动，从而计算人走的步数，通过公式转换可计算卡路里消耗。

陀螺仪传感器：加速度传感器用于测量物体速度的变化情况，而陀螺仪传感器可以测出物体的旋转情况。三轴陀螺仪传感器中，前后轴、左右轴、上下轴的旋转分别为横摇（roll）、纵摇（pitch）和左右摇（yaw）[16]。陀螺仪传感器应用在数码相机中的抖动感应、汽车的侧滑感应以及手持设备的用户界面中，当检测到设备的旋转动作及方向时，可以实现图像自动翻转。

传感器是智能产品必不可少的重要感觉器官，可以获取人类感觉器官无法获得的特定信息。随着科技发展，人工神经网络、人工智能和信息处理技术使传感器具有分析、判断、自适应、自学习和自我调节的能力，可以更好地为智能产品采集用户使用数据、环境参数和场景信息而服务。

2.3.3　云计算

云计算平台简称云平台，是指基于硬件的服务，包括提供计算、网络和存储能力。用户可以采用预付费、后付费等传统付费方式，远程登录互联网使用相关服务，共享的硬件资源、软件资源和信息可以按需求通过云计算提供给产品终端。用户无需了解云平台基础设施的细节，不对云平台直接操作控制，也不必具有相应的专业知识和技能。云计算技术的发展推动了电子信息领域中功能的升级与革新，给产品和服务的创新设计引入了更多的机会与便捷。

云计算有三种典型的服务模式，包括SaaS（Software as a Service，软件即服务）、PaaS（Platform as a Service，平台即服务）和IaaS（Infrastructure as a Service，基础设施即服务）[26]。云计算的核心就是通过不断提高处理能力，减少用户终端的处理负担，使其简单呈现为输入设备和输出设备，让用户可以根据自己的实际需求选用合适的服务。数据存放在云端后不必备份，软件存放在云端后不必下载，可以自动升级，在任何时间、地点、设备登录后就可以进行计算服务，具有无限的空间和速度。

在智能产品服务系统中，云计算成为一种公共基础服务，为整个社会带来极大的便利。其中云平台是云计算技术的主要呈现形式，用户主要通过云平台体验云计算技术的发展成果，其主要优势包括可以让所有资源得到充分利用，降低企业运维成本，简化日常维护流程，对于终端设备的要求较低，具备无限的计算和存储能力。

2.3.4　大数据

大数据指围绕着收集、存储和使用由结构化数据和非结构化数据产生的数据集，通常表现为消息流、文本文档、照片、视频图像、音频文件和社交媒体[19]。阿尔文·托夫勒（Alvin Tofler）在《第三次浪潮》中预测，随着人类步入信息时代，数据将迎来爆炸式增长[27]。维克托·迈尔·舍恩伯格及肯尼斯·库克耶所著的《大数据时代》指出，大数据摒弃了随机分析法，对所有的数据都会进行运算和分析[28]。大数据有悠久的历史，经过长期演变，最终发生了本质的变化。随着智能物联网技术的发展，数据的收集、存储和处理技术也快速发展，数据的规模、速度和多样性都发生了巨变，这也反过来需要更强的数据分析、决策、洞察和优化处理技术，这就是大数据。IBM提出了大数据的"5V"特点，主要指大量（Volume）、高速（Velocity）、多样（Variety）、低价值密度（Value）和真实性（Veracity）。

大数据分析，可通过对用户行为的研究，更加迅速满足产品和服务设计的用户需求。通过大数据分析，产品和服务的个性化设计和定制成为可能；通过大数据分析，产品可实现精准投放和营销，极大地降低了运营成本；通过大数据分析，企业可以充分利用有限的资源，产生新的服务形式[29]。

如同计算机技术的发展对现代工业设计产生了深刻影响，大数据已经悄无声息地渗透到设计行业和设计学科中，对未来产品与服务设计模式产生了极大推动。大数据推动的产品设计特点主要包括：第一，设计概念产生于大规模的用户与市场数据分析；第二，设计过程性输出能以更精确、更真实的数据描述，如高保真的原型、高精度的仿真等；第三，设计结果可利用数据模型进行优化与预测，如基于数据积累的市场预测模拟、跨学科知识下的工程优化等[11]。

大数据的利用在取得相当大突破的同时，也面临着成本、实时、安全等诸多问题的挑战。外部商业环境和内部规模的双重挤压，对大数据平台提出了很高的性能和成本要求。很多业务对大数据平台端到端的实时性要求很高，因为随着时间的推移，数据的价值将逐渐降低，时间越久的数据，价值越低。在法理上如何界定哪些用户数据是可以获取的，始终存在侵犯用户隐私的法律风险[30]。

2.4 智能产品与五感交互

20世纪90年代，医学学科范围内第一次涉及"五感"研究。工业设计师Jinsop Lee最早将"五感"运用在设计研究领域，他提出产品设计与用户体验评估可以从"五感"入手，需要综合探究产品的工业设计可能会引起的用户感官反应[31]。

五感通常是指视觉、听觉、嗅觉、味觉和触觉五种感官感觉，是人与周围世界进行沟通和信息交流的基本方式。五感有狭义和广义之分，狭义上是指在生理层面单纯由人的眼、耳、鼻、舌、身的生理感官作用，形成对事物和环境的视觉感、听觉感、嗅觉感、味觉感、触觉感；广义上是指人通过人体五种感官，对周围事物进行有意识地观察、感知、分析、处理，经大脑的综合加工形成更高层次的理性建构[32]。

人的五觉感官都可以用来接收外界信息，对智能产品而言，视觉、听觉和触觉是最主要的信息感官系统，嗅觉也在一定程度上承载信息的接收与反馈。因此，下文主要围绕视觉、听觉、触觉和嗅觉交互展开相关论述。

2.4.1 视觉交互

人们通常依靠眼睛来观察和认识世界万物，人们认知外部环境的信息中有80%都是通过视觉系统获得的[33]，这是最高效的信息输入途径。鲁道夫·阿恩海姆在《视觉思维——审美直觉心理学》中指出，世界上的万事万物千姿百态，无一不是通过人的视觉感官去认知的[34]。人们首先用眼睛去观察了解事物的造型、颜色、质感与肌理，然后通过既有的过往体验去推断事物实际的占有空间和重量大小，最终产生了对事物的主观认知。

眼睛辨别物体的能力称为视力，视力分为静视力和动视力[35]。静视力是指眼睛观察静止目标时，捕获静态图像的能力。动视力是指眼睛在观察移动目标时，捕获影像、分解、感知移动目标影像的能力，这是一种感知运动物体细节的过程，体现了眼睛借助动视力感知物体形象和思维瞬间分析资讯的生理过程。

视觉体验是人们通过视觉感官收集信息加工后获得的体验感受。就智能产品而言，视觉感官收集的信息主要以静态或动态的文字、图标形式呈现。视觉识别中文与英文的过程不完全一样。中文是图形化的表意文字，可以通过文字形态推测具体指向的内容；英文是拼音文字，需要逐个字母去识别才能知晓具体内涵。在智能产品系统中，逐个阅读字、词和句子的情况较少，大部分情况是以文本为单位进行阅读的，文本的特征及其易读性会在很大程度上影响用户的阅读效率及对智能产品的满意度[36]。视觉对图标的识别速度非常迅速，用户借助固有的知识储备和生活经验能够理解图标所指代的内涵，智能产品的软、硬件系统中有许多功能选项或操作指示会用图标表示，其设计要点是每个图标所指代的内涵必须清晰，不能产生与其他图标近似的模糊意义，以便加强用户对图标的准确认知。

2.4.2 听觉交互

听觉是仅次于视觉的感官系统，人们认知外部环境的信息中有10%是通过听觉系统获得的。听觉通常比视觉更加灵活，人们对于周围信息的认知通常起源于"听说"[37]。如果同时运用视觉和听觉去感知事物，就能对事物形成更加完整的观点。从事物印象保留在大脑中的效率分析，听觉感知到的事物能保留约20%，视觉感知到的事物能保留约30%，视听结合感知到的事物能保留约50%[38]，因此，视听结合所产生的交互体验往往更能让人印象深刻。

听觉具有两层含义[39]：第一是指对声音的感觉，即听觉器官收听到声音的能力，与听觉系统发育是否完整和健全有关；第二是指对声音的认知，即对声音的理解能力，这是在第一层次的基础上，由听觉系统和大脑对信息处理加工后发生的综合性结果，包含了剖析、回顾、体验等一系列高级心理活动，需要通过后天的训练和实践才能获取。在智能产品系统的交互设计中，最重要的是用户对声音的认知，如音乐或语音。听音乐时，听觉系统可以通过音乐的频率、波峰、音色等要素感受其中包含的不同内容和情绪。Hultén Bertil M. L.于2015年指出[40]，基于声音对人的态度、情绪和购买行为的影响作用，购物中心可以在用户购物过程中播放令顾客感到舒适和放松的音乐，最终能产生积极的购买体验。

语言是人们最直接的交流途径，智能产品的语音识别技术能够让产品理解人的语言含义并做出相应的反馈，是听觉交互设计的重要内容，在汽车、工业、医疗、家电与消费电子产品等领域都有非常多的应用。如语音听写，通过语音输入软件对语音进行文字转录，可以帮助用户迅速录入文字，也可以供听力有缺陷的用户无障碍理解语音内容。语音控制可以用语音操控智能产品运行，比手动控制更快捷方便，在一些体积很小的可穿戴智能产品中是很重要的交互方式。2010年，苹果公司开发的Siri程序能识别自然流利的连续语音输入，并根据用户要求做出反馈，随着用户使用次数的增加，还会学习用户偏好并提供个性化服务。Siri可以应用在智能家居环境中，用户通过Siri控制家庭智能产品设备。语音识别技术是智能产品系统中除视觉交互外另一个重要的交互输入技术。

2.4.3   触觉交互

触觉指皮肤接触物体产生的感觉，是最复杂的感官系统，丰富的感受器分布于头部、面部、嘴唇、舌部和手指部，特别是手指尖部[41]。触觉的功能和视觉、听觉相似，能输送和转达事物的相关数据。触觉是以复合感觉系统形式运行的，包括运动感觉系统与皮肤感觉系统。从触觉的感知角度来说，触觉又可分为滑动触觉与柔性触觉。滑动触觉指平行的接触面发生相对滑动产生的知觉体验，能够感知接触面的形态与质地等；柔性触觉指对手部接触面垂直方向的知觉体验，能够感知物体表面的软硬程度[42]。

触摸界面是一种把数字信息结合于实体物件的物理环境中，实现操作交互的用户界面。用户通过物理操控进行输入，系统感知到用户输入后以改变某物件的物理形态（如显示、收缩、振动等），为用户提供信息反馈。智能产品系统的触觉交互一般会以触摸屏为输入设备，通过触控或手势两种方式完成信息交互。触控是以手指接触屏幕上的功能图标来操控产品，是一种柔性触觉感知。手势是人手接触屏幕并做出各类动作，如手指弯角、伸展等，是一种滑动触觉感知。美国微软Surface平板电脑支持双手同时操作，整合了触控和手势交互这两种方式，如图2-1所示。

（1）单指单击、双击触摸板，模拟鼠标左键

（2）双指单击触摸板，模拟鼠标右键，即弹出菜单

（3）三指单击触摸板，弹出搜索框

（4）三指同时下滑，将所有窗口最小化，即模拟显示桌面

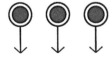

（5）双指同时向上/下滑，模拟鼠标滚轮

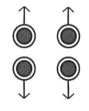

（6）双指向外做放大状，放大当前浏览的图片或网页

图2-1　Surface平板电脑触控和手势交互

2.4.4　嗅觉交互

嗅觉是由化学物质刺激而产生的一种感觉，与视觉、听觉、触觉的物理属性有很大区别。嗅觉感官系统对挥发性物质感知后，能够引起人们情绪和行为的反应与变化。心理学家通过研究表明，嗅觉是有情感的，英国研究者杰伊·戈特弗发现，视觉记忆淡化可能只需几天甚至几小时，嗅觉记忆一旦形成，人很难透过意识将产生嗅觉的事物移除[43]。气味有很强的记忆唤醒功能，良好的气味可以烘托氛围和营造舒适的环境，带有警示的气味能起到预防和保护作用，通过营造良好的嗅觉体验形成对情景的记忆是常用的设计方法。

各种各样的气味播放技术被应用于非侵入式的消息提醒、社交交互、影响情绪和认知、多媒体技术、多感知虚拟现实等领域[44]。在人机交互领域，Kaye是利用气味输出来进行界面设计的先行者之一，他提出以气味作为媒介进行信息表达[45]，这种媒介适合承载一些长时间存在，但又不太重要的信息，如提供一种非干扰式的提醒。气味模拟还被用于虚拟环境，让人们闻到逼真的气味，可增强虚拟现实系统的感知性、沉浸性和交互性[46]。韩国信息通信部门研究指出，可以运用计算机软件程序将气味信息进行数字化技术处理，使得气味能变换为参数化的数字信息，通过编排能够重组各种各样的气味。计算机软硬件和交互技术的不断发展使得嗅觉作为气味信息输入的通道，呈现出更大的开发研究潜力。

2.4.5　五感交互总结

如图2-2所示，人脑中的信息架构材料来自各种感觉器官认知的集合，视觉、触觉、味觉、嗅觉、听觉以及其他感觉器官捕捉外部信息形成刺激，促使人脑调用过往的记忆，搭建信息建筑，最终生成与外部事物相关联的图像[47]。人的感知系统是有机的整体，各种感觉既相对独立又相互联系。著名学者钱锺书在《通感》一文中指出，视觉、听觉、嗅觉、味觉、触觉往往彼此打通，眼、耳、鼻、舌、身各个感觉器官的领域可以不分界限。颜色似乎会有温度，声音似乎会有形象，冷暖似乎会有重量，气味似乎会有锋芒。感官之间并不是独立存在的，而是始终与其他感官结合在一起的多元体[48]。

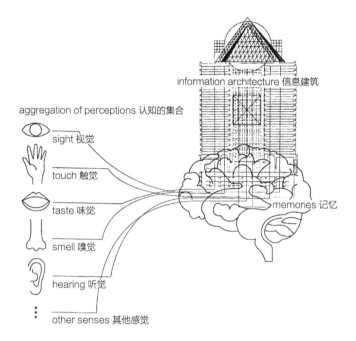

aggregation of perceptions 认知的集合

information architecture 信息建筑

sight 视觉

touch 触觉

taste 味觉

smell 嗅觉

hearing 听觉

memories 记忆

other senses 其他感觉

图2-2　五感与信息架构

Joanne McElligott等[49]于2004年展开了一项研究，将听觉和触觉系统的体验整合到玩具中，为视力有障碍的儿童设计产品，让儿童在声音游戏场景中互动，通过相应的声音玩具激发儿童对声音的触觉探索。在用户感知世界及事物时，五感是互相联系、相互补偿作用于人的大脑的，在信息接受的大脑中再现某种已有的感觉，或者形成主观印象。人们通过感觉器官去认知事物就是感知世界，在五种感官相互融通的过程中大脑得到反馈，使接收者能更准确、迅速和全面理解信息的传达。

2001年，日本总务省建议加快"五感通信"技术开发，提出在现代通信中要传递视觉、听觉、嗅觉、触觉和味觉信息，从而让人与社会之间的数据信息交互更加真实，更加接近于人们面对面时交流的感受和体验[50]。智能产品的操控与功能都是在多感官融通的情境中发生的。用户使用智能产品时，在感官上产生相应的心理活动或认知，会去感受产品造型看起来如何，表面摸起来如何，运转提示音听起来如何。通过与智能产品的使用交互，用户完成体验过程，如操控智能手机时，屏幕上的图文显示是否清晰明确，机身触摸质感是否平滑，系统播放声音是否流畅悦耳。当智能产品系统运用两种或更多种组合的输入模式进行人机交互时，能让用户更迅速便捷地向系统发出操控指令，系统也能更准确地理解用户需求。另一方面，用户可以选择即时情境中更适合的交互方式。常用的组合是语音加手势输入，语音加笔触输入，躯体加头部动作等。视觉、触觉、味觉、嗅觉和听觉系统仅从单一通道去体验事物特征，多感官融通的五感交互系统则能让人收获沉浸式的使用体验。面向智能产品的全新设计体验会依赖多种方式，通过动作、声音甚至气味等媒介与用户产生交互和对话。

参考文献

[1] 人民教育出版社历史室. 世界近代现代史 [M]. 北京：人民教育出版社，2000.

[2] 王震亚，等. 工业设计史 [M]. 北京：高等教育出版社，2017.

[3] 何人可. 工业设计史 [M]. 北京：高等教育出版社，2019.

[4] 黄彪. 场景驱动的智能产品设计方法与实践 [D]. 湘潭：湘潭大学，2018.

[5] 余从刚. 数据驱动的设计问题求解 [D]. 长沙：湖南大学，2017.

[6] 周献中. 自动化导论 [M]. 北京：科学出版社，2014.

[7] 项国波. 自动化导论自动化时代 [J]. 自动化博览，2003（06）：11-13.

[8] 克劳斯·施瓦布. 第四次工业革命 [M]. 世界经济论坛代表处，李菁，译. 北京：中信出版社，2016.

[9] 李克，朱新月. 第四次工业革命 [M]. 北京：北京理工大学出版社，2015.

[10] 吴军. 智能时代：大数据与智能革命重新定义未来 [M]. 北京：中信出版集团，2016.

[11] 王巍. 数据驱动的设计模式之变 [J]. 装饰，2014（06）：31-35.

[12] 隋然. 网络空间安全与人工智能研究综述 [J]. 信息工程大学学报，2021，22（05）：584-589.

[13] 林崇德，杨治良，黄希庭. 心理学大辞典 [M]. 上海：上海出版社，2003.

[14] N. J. Nilsson. Artificial Intelligence: a New Synthesis [M]. San Francisco: Morgan Kaufmann, 1998.

[15] Zawadzki P, Zywicki K. Smart product design and production control for effective mass customization in the Industry 4.0 concept [J]. Management and Production Engineering Review, 2016, 7 (3): 105-112.

[16] 伊本贵士. IoT最强教科书 [M]. 杨错，译. 北京：中国青年出版社，2020.

[17] Mühlhäuser M. Smart products: An introduction [C] //European Conference on Ambient Intelligence. Springer, Berlin, Heidelberg, 2007: 158-164.

[18] 廖丹. 基于场景分析和行为聚焦的智能产品设计研究 [J]. 美术教育研究，2015

（14）: 58-59.

［19］Samuel Greengard. 物联网［M］. 刘林德, 译. 北京: 中信出版社, 2016.

［20］廖建尚, 张振亚, 孟洪兵. 面向物联网的传感器应用开发技术［M］. 北京: 电子
工业出版社, 2019.

［21］百度百科. 色彩传感器［DB/OL］. 2020-03-01［2022-03-23］. https://baike.baidu.
com/item/%E8%89%B2%E5 %BD%A9%E4%BC%A0%E6%84%9F%E5%99%A8/861
5492?fr=Aladdin.

［22］奚晨烜. 基于深度传感器的手势追踪研究［D］. 南京: 南京邮电大学, 2018.

［23］百度百科. 声音传感器［DB/OL］. 2020-03-01［2022-03-23］. https://baike.baidu.
com/item/%E5%A3%B0%E9%9F%B3%E4%BC%A0%E6%84%9F%E5%99%A8/5345
252?fr=aladdin.

［24］徐立民. 噪声传感器［J］. 石油仪器, 1988（01）: 15-19.

［25］张玉莲. 传感器与自动检测技术［M］. 北京: 机械工业出版社, 2013.

［26］李永纲. 云平台构建与管理［M］. 北京: 中国铁道出版社, 2018.

［27］阿尔文·托夫勒. 第三次浪潮［M］. 黄明坚, 译. 北京: 中信出版社, 2018.

［28］维克托·迈尔·舍恩伯格, 肯尼斯·库克耶. 大数据时代［M］. 盛杨燕, 周涛,
译. 杭州: 浙江人民出版社, 2013.

［29］孙凌云. 智能产品设计［M］. 北京: 高等教育出版社, 2020.

［30］朱洁, 罗华霖. 大数据架构详解［M］. 北京: 电子工业出版社, 2016.

［31］Jinsop Lee. 五感设计［EB/OL］. 2019-03-01［2022-03-23］. http://open.163.com/
movie/2013/11/T/T/M9BLS0NP5_M9BLS97TT.html.

［32］周梦佳, 蔡平. "五感"设计在景观中的研究与应用［J］. 黑龙江农业科学, 2011
（01）: 83-86.

［33］郑卫东. 五感在产品形态设计中的应用研究［D］. 无锡: 江南大学, 2015.

［34］鲁道夫·阿恩海姆. 视觉思维——审美直觉心理学［M］. 滕守尧, 译. 成都: 四
川人民出版社, 2010.

［35］汽车百科全书编纂委员会. 汽车百科全书［M］. 北京: 中国大百科全书出版社,
2010.

［36］Darroch I, Goodman J. Brewster S, et al.The effect of age and font size on reading text on
handheld computers［J］. Lecture Notes in Computer Science, 2005 (3585): 253-266.

［37］翁玫. 听觉景观设计［J］. 中国园林. 2007（12）: 46-51.

［38］吴兹古力. 五感与视觉语言的关联性研究［D］. 西安: 西安美术学院, 2012.

［39］芜湖助听器. 听觉系统的六大功能单元大揭秘［EB/OL］. 2019-08-12［2022-03-
23］. https://www.sohu.com/a/333095952_133460.

［40］Hultén Bertil M. L. The impact of sound experiences on the shopping behavior of
children and their parents［J］. Marketing Intelligence and Planning, 33 (02): 197-215.

［41］冯宝亨. 浅谈针对特殊人群的触觉设计［DB/CD］. 深圳：2008 年工业设计国际会议暨第13届中国工业设计年会论文集，2008：394.

［42］邓卫斌，周莉莉. 触觉设计在盲人产品开发中的应用［J］. 湖北工业大学学报，2009，24（06）：90-91.

［43］范伟，蔡志拓. 初探商业空间的嗅觉设计［J］. 门窗，2012（12）：160-161.

［44］路奇，吴昊，梁婉，等. 基于气味采集的嗅觉输入界面探索［J］. 计算机辅助设计与图形学学报，2020，32（07）：1018-1025.

［45］Kaye J. Interactions-Making scents: aromatic output for HCI［M］. ACM，2004.

［46］杨文珍，吴新丽. 虚拟嗅觉研究综述［J］. 系统仿真学报，2013，25（10）：2271-2277.

［47］原研哉. 设计中的设计［M］. 桂林：广西师范大学出版社，2010.

［48］钱锺书. 七缀集［M］. 北京：三联书店，2019.

［49］Joanne McElligott, Dr Lieselotte van Leeuwen. IDC'04: Proceedings of the 2004 conference on Interaction design and children: building a community, 2004: 65-72.

［50］夏雅琴. 基于多维感官的产品设计评估方法研究［D］. 南京：南京航空航天大学，2014.

第三章

智能产品
与服务设计思维

当今，智能科技的迅猛发展使教育、金融、医疗、养老、旅游和娱乐等新型服务业都面临着重大变革，服务和体验在人们日常生活中的作用越来越重要。服务业的发展促进了传统产业的升级，也引领了人们新的消费需求和生活方式，设计的范畴已经从单个独立的产品拓展到产品服务系统和使用体验，设计与产品、服务之间的关系和内涵在不断更新和丰富。

3.1　智能产品与智能环境

当前，社会正处在第四次工业革命的浪潮中，物联网、人工智能、云计算、传感器、大数据等技术对智能环境构建起到了重要的推动作用[1]。部署在智能环境中的传感器从环境中采集用户使用产品的数据信息，并由高级运算平台进行数据处理和加工，可以监测和调控用户行为，干预环境中的事件可能产生的影响。智能环境构建的最佳状态是尽量隐藏技术层面的设备或架构，让用户尽可能感受不到环境中的各类技术指征。

欧洲信息社会技术咨询集团（Information Society Technology Advisory Group，IST AG）在一份报告中解释了环境智能的定义[2]："智能环境是信息社会的一个新视角，它强调更高的用户友好度，更有效的服务支持、用户授权和对人机交互的支持。人们身边有各种智能的、直观的界面，这些界面嵌入各种对象和环境中，环境以无缝而自然的方式感应物体以做出反馈。"智能环境设计与部署有三方面要求：第一，环境中布局的各种设备要嵌入不同的智能产品中，同时尽量不让用户看见这些设备；第二，环境和系统可以反映用户的个性化需求；第三，环境和系统可以自动识别出包括个人偏好在内的用户和环境特点并校正自身行为。因此，智能环境可以基于对任务与活动持续不断的解释与处理来支持相应的人机互动[3]。

3.1.1　多通道的交互模式

智能环境已经日益渗透人们的衣、食、住、行中，对人们的日常生活产生了颠覆式影响，重新定义了智能产品及服务的功能与内涵，并对用户与这些智能产品和服务之间的交互方式提出了新的诉求。

在智能环境中，用户与智能产品之间的交互不再局限于传统键盘和鼠标的交互技术，而更多依赖各种触控界面、人脸识别、眼动控制、隔空手势、语音控制等，呈现出更直观、更自然的人机交互发展趋势。此外，智能产品的外观造型、位置布局、声光呈现等会作为体现交互的载体，被设计融入智能环境的输入端，打通客观世界与信息技术的鸿沟。智能环境中的交互会依赖视觉、听觉、触觉甚至嗅觉等多种交互方式，即多通道的信息输入。前述章节中所提及的各个感官系统对信息的感知在智能环境中并不是单独发挥作用的，而是会根据用户实时使用状态的不同，进行自适应调节选择最有效的输入方式供用户使用。

3.1.2　多样化的用户群体

在智能环境中，产品的使用交互更加依赖多个用户的互动，如用户在使用环境中的协作、沟通和交流。当环境中同时存在多个用户时，智能产品以及服务如何能适应不同用户的需求就成为亟待解决的重点问题。因此，智能环境中对于用户的研究不仅局限在个人层面，还需要考虑用户群体共同的交互时空。传统的产品往往只执行单一的功能或任务，智能环境中的智能产品通常会面对不同的用户，这些用户的需求呈现出多样化且相互关联的状态。智能产品从多方面感知用户、环境与任务信息，可以最大限度满足用户的需求。

3.1.3　个性化的需求定制

随着人们消费水平和生活品质不断提高，用户越来越期望产品和服务能呈现属于自己的特有性质，智能环境中的智能产品可以做到"千人千面"，即通过系统中记录的产品使用数据与反馈信息，学习用户的不同生活习惯、行为特征与偏好，再根据实时场景特征，精准推送差异化的产品功能或服务给用户。用户私人定制传统产品，主要是针对产品的功能、材质、形态和色彩等要素进行个性化设计，智能环境中的智能产品设计则是通过对用户需求的精准分析和理解，为用户提供个性化的功能使用、交互体验和服务。

3.1.4 自主化的任务执行

传统产品主要由用户的输入控制来执行事先设定的流程或任务，智能产品具有类人的心智模型，可以通过收集智能环境的信息，持续学习用户的行为习惯与偏好，自主地执行任务。用户在使用过程中，需要与智能产品保持信息的交流和互换，通过鼓励正确的或纠正错误的执行行为，不断训练智能产品，让智能产品更好地了解用户情感与适应智能环境。功能层面的可用不再是产品唯一的衡量指标，对周围环境的理解与适应，与用户相处的自然与亲和将成为智能产品的发展方向。

3.2 智慧场景服务

3.2.1 智慧社会百态

近年来，伴随着大数据、智能物联网和云计算等先进技术的普及，世界各国都在不断拓展智能技术与产品的应用情境，通过智能手段提升社会运行效率，提高人民生活质量。

2015年3月5日，中国政府提出实施"中国制造2025"的宏大计划，并部署全面推进实施制造强国战略[4]。以促进制造业创新发展为主题，以加快新一代信息技术与制造业深度融合为主线，以推进智能制造为主攻方向，着力发展智能产品和智能装备。2016年10月13日，杭州市政府在云栖大会上宣布，即将为这座拥有2200多年历史的城市安装一个以人工智能为主导的杭州城市数据大脑[5]。市政府牵头，联合包括阿里云在内的13家企业，成立研究小组。数据采集系统从公共事务、行政事务、商业事务等信息库中实时获取多维度、多样性的数据传送给城市数据大脑，利用计算机算法架构决策模型，最终应用到城市运维与公共服务的系统中。原本零零散散的各类信息经过城市数据大脑的整理、筛选和汇总，输出成为逻辑指令，使得城市的每个功能模块可以有机协调和有序运转，这是政府通过服务设计提升城市服务水平的典型案例。

2022年2月举办的北京冬奥会集中体现了智慧生活的多个场景。在冬奥村设有智能防疫机器人，当涉奥人员抵达后，无需摘除口罩，一秒钟内便可完成身份识别、智能测温等8个查验环节，极大提升了通行速度。各个冬奥会场馆设有消毒机器人，通过头顶上的四向喷头将液化出来的气雾喷洒至空气中，一分钟消毒面积可达36平方米，续航时间为4～5小时，到设定时间就可自动执行消杀任务。所有转播云上线，赛事成绩、赛事转播、信息发布、运动员抵离、医疗、食宿、交通等信息系统迁移至阿里云上，媒体无需到现场，可以实现远程操作。5G、AR、VR技术，以及人工智能合成视频技术对运动员动作进行360度捕捉，让观众享受身临其境的视觉盛宴。冬奥村中的智能床采用记忆棉材质，可依据个人习惯调整床的形态，为不同使用场景下的运动员提供最佳支撑。下载App设置闹钟后，在设定时间会自动起降，推醒运动员。运动员睡觉时打鼾，智能床识别后会调节头部高度，起到缓解作用。此外，冬奥村开发了智能运维管理平台，显示无障碍卫生间、无障碍坡道、盲道等设施信息，并对起点至各目的地之间满足无障碍要求的路线进行最优计算，将结果推送给相关需求人士进行导航。智能呼叫胸牌可以实现一键呼叫、通话及平台精准定位，为一线服务人员建立了良好的沟通渠道。主媒体中心的智慧餐厅配备了120台制餐机器人，可24小时不间断为数千人服务，点餐、备餐、上菜全过程自动化，客人扫描餐桌上的二维码点菜后，厨房里的机器人即开始制作各式菜肴，包括中国菜及各种西餐，如汉堡、比萨、意大利面、鸡尾酒等。烹饪完成后，菜品通过餐厅顶部的云轨系统送达，当机器人移动到点菜餐桌上方时，盛着食物的托盘就会随着下放的缆绳落下并悬停，供客人取走享用。

日本内阁会议于2016年1月提出"社会5.0"（Society5.0），即"超智能社会"[6]。物联网推动了物理世界的数字化，人工智能从大数据中筛选关键信息，机器人与自动驾驶技术可以解决劳动力不足和人口老龄化等社会问题，这些技术革新推动着社会向全新的社会形态发展。社会5.0时代，人类生活的各种需求得以完全满足、经济与社会发展中的难题得以同步解决，"社会5.0"战略几乎包含了所有的日常生活领域，尤其是日本人存在危机感的交通、医疗护理、制造业、农业、食品、防灾与能源领域。

新加坡于2014年推出"智慧国2025"计划，通过应用信息技术、建设数字政府和发展数字经济打造数字社会[7]。政府推出Singpass手机应用程序，超过六成市民都通过使用该程序享受了多项数字服务，如接收政府通知、查看公积金、房屋买卖等。政府为老年人安装了无线紧急呼救系统，老年人按下呼救按钮后就能发出警报，社区人员会及时前去救助。街区照明灯上的传感器能感受自然光线的强弱变化并自动调整亮度，还能收集气象数据。在政府的大力推动下，智能技术和智能产品已经广泛应用于城市生活、政务、健康和交通等多个场景。

尼斯是法国乃至欧洲最早推动智慧建设的城市之一，主要涵盖环境、交通、能源和应急管理四个领域[7]。在尼斯市生态谷的"智慧城市创新中心"，城市环境监测是最早运行的应用。近3000个部署在尼斯西部160公顷区域内的传感器网络可远程收集空气、噪声、水、废弃物管理等环境数据，为近20种智慧生活服务提供分析支撑，不断探索绿色节能的智慧生活模式。

阿布扎比在2018年启动了智慧城市和人工智能五年计划，旨在加强数字化建设和管理，实现城市生活可持续发展[7]。政府开发了TAMM网上服务一站式平台，提供医疗预约、生活缴费、更新居住证件、求职等政府服务，还开发了"阿布扎比支付"功能，为人民提供标准化的在线安全支付方式。警方通过综合使用传感器、摄像头以及车牌识别和人脸识别等技术，帮助快速判断形势和处置突发事件，使得阿布扎比连续5年被全球统计数据库Numbeo评为全球最安全的城市。

德国索林根于2018年提出全面数字化发展战略[8]。借助互联网资源共享、信息即时反馈、访问便利快捷的优势，推广数字政务运行系统，并接入政府各个机构400多个公共服务程序，如在实时路况管理系统中提供申报平台处理违章记录服务、在市政应用系统程序提供民众即时搜索空闲车位、了解天气预报等服务。市政服务数字化极大提高了政府机构的办事效率，规范了公共服务与行政事务的处理进程。

巴西库里蒂巴建议开发智能快速公交系统[8]，运用数字化技术打通城市交通运输的各个关键环节。公交车站台内安装有电动升降装置，可以为乘客提供更便捷的上下车服务，安装在公交车和智能红绿灯上的传感器可根据实时路况调整通行信号，提升公交系统的运行效率。公交车站顶棚集成的太阳能发电装置可以提供制冷、供暖、采光、售票、门禁、充电桩等一系列设备所需的电力。这套智能先进的公共交通运行模式为市民的日常出行创造了舒适和便利的体验。

3.2.2　基于场景服务的智能产品

"场景"的概念最初出现在戏剧舞台上，一般用来描述舞台角色在某个时间与空间内的活动情景[9]。Bitner M提出，场景是一种能感觉到的、人与人之间往来接触的氛围，在这个氛围中发生服务的买卖和体验[10]。罗伯特·斯考伯和谢尔·伊斯雷尔所著的《即将到来的场景时代》一书指出了与场景时代相关的五个要素：大数据、移动设备、社交媒体、传感器、定位系统，这五个要素称为"场景五力"[11]，其所搭建的氛围与情景使得身处其中的人可以体验到身临其境般的真实感受。与智能产品相关的场景内涵，侧重于表达先进信息技术影响下所引起的个体意识产生的情境，以及研究互联网、大数据和云计算这些技术用什么方法去干预用户的使用行为与消费需求。

不同的智能产品都会关联一个或多个场景，这些场景表明了智能产品与用户和系统中其他节点之间的交互关系。用户的使用是由于触发了不同的动作事件从而控制不同的使用流程，场景是在特定的时间、地点，由特定的目标用户建构的一个事件系统[12]。场景分析的核心任务是通过使用场景中用户触发的动作事件获取用户的真实需求。基于场景的服务研究，就是对使用情境的感知和服务信息的适配[13]。这里的适配包括两层含义：首先指能够精准捕获在某个情境中对用户有价值的内容；其次指要精准提供能满足用户需求的产品或服务。

研究场景与服务关系的意义在于，场景定义和分析是设计智能产品与服务的重要切入点。在这个语境中，场景服务架构了用户、智能产品与系统之间的信息链接。Short J在1976年提出社会临场感理论[14]，表示在人际沟通过程中，双方可以相互感受到对方是否真实存在。实际的人际互动行为导致了社会临场感的产生，双方彼此可通过沟通媒体互相传递与交换信息，这是一种社会行为的表现。与各种智能手持设备日益紧密的依存关系深刻影响了人们传统观念中的时空理念，甚至颠覆了人际交往的途径和形式。智能手机、可穿戴装备以及实时互动、远距在场的互联网，使得传统的面对面交流形式逐渐消失，形成打破时空限制、个人能感受到"纯虚拟在场"的氛围。

在智能时代中，人与人之间的沟通交流成为各类社交小程序的主旨内容，通过在互联网上的浏览历史，用户能被自动推介到与自己爱好和观念相似的共同体中，他们在物理空间彼此分离，但在网络空间中却常常共同活动、互相交往。移动互联网的普及使得场景的价值内涵越加凸显，移动中的信息传递和交流会受到不同场景变换的影响。当今时代，商品流通服务所提供的不只是传统产品、用户与平台，而是以用户、智能产品和场景为核心的场景化时代。移动设备中的足迹步数、浏览偏好和使用习惯等个人信息、各种场景应用软件和订阅公众号的类型，都在塑造用户个性化的人格特征。用户购买或使用智能产品的价值体现不仅局限在这个过程上，还伴随着智能产品的使用，将购物和消费体验通过移动设备和互联网进行评论和共享。

在传统产品的应用情境中，用户处于产品使用的主导地位，产品必须服务于用户需求，产品与用户之间是一种从属关系。在智能产品的应用情境中，用户基于特定场景都会引发特定的使用需求，产品的使用数据及使用该产品的用户群体均会与产品一起作用于用户需求，在产品的交互使用过程中促发新的使用需求。场景是智能产品与用户进行互动的物理空间，也是用户的物质与情感需求集中呈现的载体，智能产品设计思路需要从独立产品的开发转向基于场景服务的系统开发，才能摆脱功能主义的条框，创造良好的用户使用体验。

3.3 服务设计

3.3.1 服务设计的定义

有学者认为，服务是不可见的产品，包括商家所提供的专注力、意见、模式、经历和心理活动体验[15]。在商品流通中介入服务过程主要包括三方因素，即服务提供者、利益相关者和用户[16]。学者Regan将服务的内涵解释为消费者在购买活动中赢得心理层面获得感的行动历程，消费者购买的有形产品主导服务的特征和品质[17]。Wolak等归纳了服务的四个特征，包括无形性、不可分割性、异质性和易消逝性，这是其与产品之间的显著区别[18]。Collier指出服务的根本属性是为消费者创造更多的利益和价值[19]。Clark更新了服务的内涵，增加了服务全局框架中需要设计者和企业经营者尤为关注的四个部分，包括服务实施、服务体验、服务收益、服务价值[20]。

服务设计的定义至今并未形成统一的结论。国内外学者从各自学科的角度纷纷对服务设计做出了不同的概念界定。学者Kim M研究指出[21]，用可见的产品与器材架构与策划不可见的服务。其关于批量生产的规律体系建构以及运用实体产品调节管理虚拟资产的论述，对服务设计的内涵深化有重要影响。Shostack于1982年在《欧洲营销杂志》上发表《如何设计一种服务》[22]，于1984年在《哈佛商业评论》上发表《设计交付的服务》[23]，首次提出服务需要被设计，服务需要合理的规划和周密的部署。1991年，德国科隆国际设计学院第一次将服务设计相关理论引入大学课程[24]。

2002年，国际工业设计协会（International Council of Societies of Industrial Design，ICSID）在官网上发布了设计的新定义，即"设计是一种创造性的活动，其目的是为物品、过程、服务以及它们在整个生命周期中构成的系统建立起多方面的品质"，明确将"服务"作为设计的对象[25]。2015年，ICSID更名为国际设计组织（World Design Organization，WDO），发布定义称"（工业）设计旨在引导创新、促发商业成功以及提供更好质量的生活，是一种将策略性解决问题的过程应用于产品、系统、服务及体验的设计活动"，再次将"服务"列为设计对象，且新增"体验"这一设计对象[26]。2004年，玛格倡议建立了国际服务设计联盟（Service Design Network，SDN）[27]，并提出服务设计可以生成有价值的、高效率的服务，达成目标的核心要素在于用户享用服务过程中建立起的主观感知。2012年，清华大学王国胜教授作为发起人建立了"SDN-北京"，开始引入服务设计研究方法。2016年，桥中设计咨询管理有限公司的黄蔚组织成立了"SDN-上海"。2019年4月，黄蔚在上海组织了首届全球服务设计联盟中国大会。同年5月，胡飞在第二届中国服务设计大会上发布了服务设计的定义，即"服务设计是以用户为主要视角、与多方利益相关者协同共创，通过人员、场所、设施、信息等要素创新的综合集成，实现服务提供、服务流程、服务触点的系统创新，从而提升服务体验、服务品质和服务价值的设计活动"[26]。

3.3.2 服务设计的特征

基于以上众多学者的研究成果，虽然没有形成对服务设计的统一定义，但仍然能归纳出服务设计的一些显著特征[28]。

服务设计研究范畴介于创设主观体验感知与规划客观物体效用之间。设计者不仅需要有能传递令人具有愉悦体验的创造力，也要实施具有组织性和功能性的复杂工作。

服务设计可以应用于各个类型的服务，如企业为消费者提供的服务，以及医疗、政府、教育和公共部门的服务，甚至是企业对企业的服务，或者对某一组织中员工的服务。

服务设计被应用于复杂系统，服务设计由跨领域团队运行，服务设计师通常与开发者、业务人员、数据分析师、市场营销专家、面对用户的员工，以及其他设计学科的设计师一起工作。

服务设计研究视域具有全局性和系统性，需要建立起对该服务所面向的用户的全面了解，关注用户与服务间细节性的、具体的互动。

3.3.3 服务设计的原则

设计服务时重点关注的是人与人、人与物、人与组织、不同组织之间的价值和关系的本质。服务设计将人、产品、信息、环境等要素融合，形成完整的体验过程。Stickdorn为服务设计归纳了五个原则[29]。

1. 以用户为中心

设计服务时需要从用户的角度出发，研究用户的需要、理解、习惯、行为和动机，用户是整个服务设计流程的中心。

2. 共创性

服务设计认为，商业环境中经济活动计划或举措涉及的所有相关者都应该介入服务设计的程序中，企业、消费者、前台服务者、后台服务者、各种设施、代理经销商等通过交互行为共同构成了完整的服务生态，需要把这些参与或涉及服务的不同群体都纳入统筹研究范围，以便激发用户、设计师、前台、营销人员、企业管理者，部门经理等角色的创造力。

3. 次序性

服务是在一段时间内的动态过程，用户会历经一段基于时间的体验线。设计服务时，要控制服务的节奏。

4. 实物性

服务是无形的，可以通过相关实物呈现出来，将无形变有形，让用户更好地感知服务，产生更积极的服务体验。

5．整体性

服务设计研究聚焦于流程的整体性，需要从视觉、听觉、触觉、嗅觉和味觉五感通道整体规划，设计用户与服务之间的彼此联系和相互作用，这与智能产品的人机交互通道是完全一致的。

3.3.4　服务设计与智能产品

服务设计是一个科学体系，其可以高效统筹系统中牵涉的人、环境和产品等相关因素。其中，人的要素包括消费者、服务提供者、合作伙伴及利益相关者；环境的要素包括基础设施、智能环境和自然人文环境；产品的要素则以智能产品为核心，包括移动控制端、智慧平台、App等软件服务等。服务是基于空间和时间的体验，系统中全部的人、环境以及产品要素都是服务进程中的重要节点，智能产品是服务呈现的核心和支撑，服务设计贯彻以用户为中心的思想，将人和使用行为、数据交互、环境与产品紧密融合，最终体现服务设计的价值。因此，服务设计成为连接共享经济、社会创新、生态文明和服务研究的桥梁，将策划并输出简洁易用、安全可靠的服务作为宗旨，在智慧生活的各个场景中被普遍运用，为全社会人民谋求更多的利益，使社会迈向更平等、更安全、更舒适的宜居环境。

3.4　相关研究方法

在复杂场景运用中，智能产品作用的发挥往往更需要借力于系统层面的科学规划。人工智能技术驱动下的创新不应局限于智能产品或系统的开发，而应更关注能够满足用户需求的增值服务创造，创新智能产品的服务系统体系已经成为智能时代社会发展的必然趋势[30]。在智能产品的服务系统体系架构中，设计会在建立服务场景、创造用户体验、整合利益相关者需求、提出解决方案和发掘可实现目标[31]这几个方面充分发挥影响力，因此需要引入相关方法，以便能科学展开智能产品的服务系统设计研究。

3.4.1 SWOT分析法

SWOT分析法是一种确定组织或服务的优势和劣势，并检查它所面临的机会和威胁的方法，主要用于探索阶段。此分析旨在明确企业或项目的目标，并确定有利于和不利于实现这些目标的内部和外部因素，使活动集中到优势和最大机会所在的领域[32]。

方法运用步骤[33]：

（1）确定商业竞争环境的范围。

（2）进行外部分析：运用DEPEST等分析清单做全面分析。

（3）列出公司的优势和劣势清单，并对照竞争对手逐条评估。将精力主要集中在公司自身的竞争优势及核心竞争力上，不要太过于关注自身劣势。

（4）将分析结果条理清晰地总结在SWOT分析表格中，并与团队成员和其他利益相关者交流分析成果。

3.4.2 故事板

故事板（Storyboarding）是一种用视觉方式讲述故事或用于陈述设计在其应用场景中的使用过程的方法，主要用于探索和开发阶段[33]。通过一系列图片，以叙述的顺序组合在一起，显示了创建体验时每个触点的表现形式及其与用户之间的关系[34]。

方法运用步骤：

（1）确定元素：创意想法、模拟使用场景以及一个用户角色。

（2）选定故事：通过故事板简明扼要地传递一个清晰的信息。

（3）绘制故事大纲草图：先确定时间轴，再添加其他细节，若需要强调某些重要信息，可采取变换图片尺寸、留白空间、构图框架或添加注释等方式。

（4）绘制完整的故事板：使用简短的注释为图片信息做补充说明，不要平铺直叙，也不要一成不变地绘制每张故事图，表达要有层次。

3.4.3 用户旅程图

用户旅程图（User Journey Maps）是指通过表示用户与服务交互的不同

触点来描述用户旅程的方法，主要用于探索和开发阶段[34]。此方法能帮助设计师避免设计孤立的触点或产品特征，还可以辅助设计师思考复杂的用户体验，开发出符合用户体验规律且对用户和开发商都有价值的产品和服务[33]。

方法运用步骤：

（1）选择目标用户及其理由：尽可能详细全面地刻画目标用户，并陈述通过定性研究获得的相关用户资讯。

（2）在横轴上标注用户使用该产品的所有过程：切记要从用户的角度来标记这些活动，而不是从产品的功能或触点的角度。

（3）在纵轴上罗列出各种问题：用户的目标、工作背景，从用户的角度评判功能的优劣，以及使用产品或服务的每段旅程中用户心理的转变。

（4）补充与服务相关的其他内容：包括用户会接触到的产品触点、用户会打交道的人员、用户会用到的相关设施。

（5）运用跨界整合知识来回答每个阶段所面临的具体问题。

3.4.4 服务蓝图

服务蓝图（Service Blueprint）是一种将服务流程可视化来改进现有流程以使其更加容易的方法，主要用于探索和开发阶段。服务蓝图可扩展性高、灵活性强，可根据需要提供尽可能多的细节、显示复杂的步骤；可以识别互动减少阻隔、为实现运营目标创建可见的结构；它们的交叉功能同样可以促进用户、员工和管理层之间的沟通，从而增加公司了解用户和响应其需求的机会，同时保持服务流程免受复杂和冗余信息的影响[35]。

方法运用步骤：

（1）寻求支持：建立跨学科核心团队，并建立利益相关方支持。支持可以来自经理、高管或用户。

（2）定义目标：定义范围并与蓝图计划的目标保持一致；确定方案及相应用户、确定蓝图的精确程度，以及将解决的直接业务目标。

（3）收集研究：使用各种方法收集用户、员工和利益相关者的研究成果。

（4）映射蓝图：使用此研究填写低保真蓝图。

（5）优化和分发：添加其他内容并改进用户和利益相关者之间的高保真

蓝图；根据需要添加其他详细信息，并进行优化，包括时间、指向、指标和法规。

3.4.5　利益相关者图

利益相关者图（Stakeholder Maps）说明了特定服务中所涉及的各种利益相关者，可用于了解有哪些参与者以及这些人与组织之间的相互联系。这种方法主要用于探索和开发阶段[34]。利益相关者图可以在初始规划阶段和定义人群范围阶段辅助聚焦主要群体，并直接影响设计结果。在服务设计的全流程中，开发团队能参照利益相关者图选择涉及其中的人群，做访谈交流。

方法运用步骤[36]：

（1）小组成员根据推测绘制初稿：将所有与设计项目存在相关利益的人物信息汇集起来，重点在于全面涵盖所有相关人物。除了确定最终用户，还需要涵盖从中受益的人、拥有权力的人、可能受到不利影响的人，甚至可能阻挠或破坏设计成果或服务的人。

（2）利益相关者可以包括普通人物、特殊人物或者真实人物：最初的分析过程比较简单，把人物角色贴在白板、卡片、便笺、纸片上面，合并成名单或草图即可。然后将这些组织成结构清晰的结构图，并确定可能的层次关系以及角色和人物之间的主要关系。

（3）调整与改进：当明确和界定实际人物以及他们的工作流程和关系之后，不断改进之前推测的分析图，最终呈现一幅全面的分析图。

3.4.6　人物画像

人物画像（Persona）是一个非常有效的用户描述工具。根据虚拟描绘出的角色，使开发团队能更精准地判断用户需求[37]。人物画像所描绘的是真实用户的虚拟代表，包括外貌、职业、年龄、喜好、家庭背景等，类似真实人物的特征与形象，设定不同的人物画像有助于设计研究时了解不同类别用户的差异性[38]。

利用人物画像能实现产品与服务的精准匹配，能选择合适的用户进行有针对性地开发，并且还有可能实现按实际需求批量生产以及为部分用户量身打造。主要通过定性或定量分析方法对目标用户进行调查研究[39]。在探索阶段，由于缺乏用户使用产品与服务的实际结果，可以采用定性分析方法归纳整理用户信息，如研究者通过与目标用户的接触、谈话获取其主要观点，以便绘制人物画像，验证阶段则可以采用定量分析方法校验已经绘制的画像并进一步修正。

方法运用步骤：

（1）构建角色的基本信息，包括角色的外表、角色的偏好、角色的说话方式、角色的生活方式、角色的人物关系网。

（2）用文本或图片的方式来描述这些信息。

（3）整合信息，形成一个较为完整的人物画像。

3.4.7　亲和图

亲和图（Affinity Diagram）主要用于定义阶段，能将研究者观察研究对象后所形成的看法进行直观呈现，从而为研究者提供设计依据。亲和图的测试方式属于归纳性行为。首先收集具体的微小细节分成几组，再总结出普遍的、重要的主题[36]。

方法运用步骤：

（1）脉络化访查亲和图：如果研究人员可以在4~6个不同的工作地点采访到典型的研究对象，就能获得充分的样本数据。在组合亲和图之前，对每个采访对象用便笺纸记录50~100条观察结果。然后将所有的便笺纸粘贴在大幅面的卡纸或白板上，研究者通过研读便笺纸上的记录结果，分析和归纳出具有类似性质的问题并整合在一起，形成问题族群，以直观展现研究对象所面临的现状。

（2）可用性测试亲和图：在可用性测试环节开始前，研究小组先确定代表各个参与者的便笺纸的颜色。在可用性测试进行的过程当中，小组成员（包括利益相关者、开发人员、设计人员和其他研究人员）在观察室内观察评价。参与者讨论任务时，小组成员可以在便笺纸上记录具体的观察内容和谈话内容，然后把它们张贴在墙上或白板上。通过多次可用性测试，关于界面的常见问题和难题就会浮出水面。如果存在可用性问题的类别会出现许多不同颜色的便笺纸，这就说明是常见的问题。然后确定需要修改的界面及其优先顺序。无论涉及设计的哪个方面都应该首先修改并重新测试出现问题最多的地方。

3.4.8　焦点小组

焦点小组（Focus Groups）主要用于探索阶段，是一种定性访谈方法。研究者策划与组织访谈活动，招募研究对象参加，这些研究对象不一定是现有产品或服务的使用者。研究者作为主持人主导整个访谈流程，确保事先拟定的关键问题都能被研究对象探讨，并且控制访谈流程始终以研究目标为主线推进。此外，研究者应调控发言机会，平均分配每个研究对象的发言时间。研究对象的意见或建议可以检验研究者的设计方案[3]。

方法运用步骤：

（1）列出一组需要讨论的问题，包括抽象话题和具体提问。

（2）模拟一次焦点小组讨论，测试并改进步骤（1）中提出的讨论问题。

（3）在目标用户群中筛选并邀请参与者。

（4）进行焦点小组讨论，每次讨论1.5～2小时，通常情况下需对过程录像以便于之后的记录与分析。

（5）分析并汇报焦点小组所得到的发现，展示得出的重要观点，并呈现与每个具体话题相关的信息。

3.4.9　可用性测试

可用性测试（Usability Testing）是研究者观察、评估真正的用户使用或执行某个（或某些）任务[3]。主要有两种具体实施方法：一种是正式的可用性测试，一般会招募6～10个被试者，完成研究者预先设计的测试任务，研究者观察被试者参加测试的整个过程，分析被试者在使用产品或服务中存在的问题，此方法可应用于对已有设计方案的评估，完成一轮测试所需时间相对较短。另一种是快速改良测试评估法，一般应用在产品软件开发阶段，以小规模测试不断迭代的方式展开，每次招募4～6个被试者参加，一轮测试完成后，研究者根据测试结果修改软件原型方案，并将新的方案用于下一轮测试中，如此循环直到整个可用性测试过程结束，设计方案在迭代的过程中不断优化，此方法可应用于全新产品的研发。在可用性测试中，会使用到一些常用的问卷与量表。

3.4.9.1　QUIS（用户交互满意度问卷）[40]

用户交互满意度问卷（Questionnaire for User Interaction Satisfaction，QUIS）由美国马里兰大学帕克分校人机交互实验室的学科交叉研究团队提出，来评估用户对人机界面设计的主观满意度，是一种具有信效度的测量方式。

当前版本的QUIS7包含"人口统计问卷，从六个维度进行的整体系统满意度测量，分层有序地测量九个特定界面因素（屏幕因素、术语和系统反馈、学习因素、系统功能、技术手册、在线教程、多媒体、远程会议、软件安装）"。QUIS7有两种长度：短的41项；长的122项。每一项使用如图3-1所示的9点两极量表所示。根据QUIS网站统计，大多数人使用短的版本，而且只采用其中适用于系统或产品的题项。

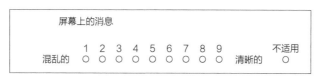

图3-1　9点两极量表

3.4.9.2　PSSUQ（整体评估可用性问卷）[40]

整体评估可用性问卷（Post-study System Usability Questionnaire，PSSUQ）用于评估用户对计算机系统或应用程序的主观满意度。

最初是由IBM公司内部一个名为SUMS（系统可用性度量，System Usability MetricS）的研究项目发起了该问卷，在关于环境可用性研究项目进展的基础上，研究团队开发了一个数量巨大的问题池，由人机工程学研究专家对问题池进行多次反复测试后，去除了一部分问题选项，最终汇总得到包含16个问题选项的整体评估可用性问卷第三版，如图3-2所示。

问卷有四个分数，包括一个整体和三个分量表，计算规则是：

整体：题项1～16的反应平均值（所有题项）；

系统质量：题项1～6的平均值；

信息质量：题项7～12的平均值；

界面质量：题项13～15的平均值；

结果分数可以介于1～7，分数低表示满意度更高。

	整体评估可用性问卷版本3	非常同意 1 2 3 4 5 6 7	非常不同意 不适用
1	整体上，我对这个系统容易使用的程度是满意的	○ ○ ○ ○ ○ ○ ○	○
2	使用这个系统很简单	○ ○ ○ ○ ○ ○ ○	○
3	使用这个系统我能快速完成任务	○ ○ ○ ○ ○ ○ ○	○
4	使用这个系统我觉得很舒适	○ ○ ○ ○ ○ ○ ○	○
5	学习这个系统很容易	○ ○ ○ ○ ○ ○ ○	○
6	我相信使用这个系统能提高产出	○ ○ ○ ○ ○ ○ ○	○
7	这个系统给出的错误提示可以清晰地告诉我如何解决问题	○ ○ ○ ○ ○ ○ ○	○
8	当我使用这个系统出错时，我可以轻松快速地恢复	○ ○ ○ ○ ○ ○ ○	○
9	这个系统提供的信息（如在线帮助，屏幕信息和其他文档）很清晰	○ ○ ○ ○ ○ ○ ○	○
10	要找到我需要的信息很容易	○ ○ ○ ○ ○ ○ ○	○
11	信息可以有效地帮助我完成任务	○ ○ ○ ○ ○ ○ ○	○
12	系统屏幕中的信息组织很清晰	○ ○ ○ ○ ○ ○ ○	○
13	这个系统的界面让人很舒适	○ ○ ○ ○ ○ ○ ○	○
14	我喜欢使用这个系统的界面	○ ○ ○ ○ ○ ○ ○	○
15	这个系统有我期望的所有功能和能力	○ ○ ○ ○ ○ ○ ○	○
16	整体上，我对这个系统是满意的	○ ○ ○ ○ ○ ○ ○	○

*界面包括用于与系统进行交互的部分。例如，有些界面的成分是键盘、鼠标、麦克风和屏幕（包括它们的图像和文字）

图3-2　整体评估可用性问卷

3.4.9.3　SUS（系统可用性量表）[40]

系统可用性量表（System Usability Scale，SUS）于20世纪80年代中期编制形成，一般适用于对被试者进行使用产品或系统的主观性评估，该量表简单易用，共包含10个问题，采用5分制，奇数项是正面描述题，偶数项是反面描述题，如图3-3所示。

用户应当在使用被评估的系统后填写此量表，填写之前不要进行总结或讨论。研究者在向用户解释填写方法时，应当要求其迅速完成各个问题选项，不要过多思考。SUS的计分方法要求用户回答10个问题。如果用户因为

	系统可用性量表的标准版		非常不同意				非常同意
			1	2	3	4	5
1	我愿意使用这个系统		○	○	○	○	○
2	我发现这个系统过于复杂		○	○	○	○	○
3	我认为这个系统用起来很容易		○	○	○	○	○
4	我认为我需要专业人员的帮助才能使用这个系统		○	○	○	○	○
5	我发现系统里的各项功能很好地整合在一起了		○	○	○	○	○
6	我认为系统中存在大量不一致		○	○	○	○	○
7	我能想象大部分人能快速学会使用该系统		○	○	○	○	○
8	我认为这个系统使用起来非常麻烦		○	○	○	○	○
9	使用这个系统时我觉得非常有信心		○	○	○	○	○
10	在使用这个系统之前我需要大量的学习		○	○	○	○	○

图3-3　系统可用性量表

某些原因无法完成其中的某个问题，就视为用户在该题上选择了中间值。计算SUS得分的第一步是确定每道题目的转化分值，范围在0～4，正面题（奇数题）的转化分值是量表原始分减去1，反面题（偶数题）的转化分值是5减去原始分。所有问题选项的转化分值相加后乘以2.5得到SUS量表的总分，所以SUS分值范围在0～100，以2.5分为增量。

3.4.9.4　ASQ（场景后问卷）[40]

场景后问卷（After-Scenario Questionnaire，ASQ）是3个题目组成的问卷，与PSSUQ采用相同的形式，探测用户整体上完成任务的难易度、完成时间和支持信息的满意度。ASQ得分是这些题项的平均值，如图3-4所示。

	场景后问卷版本1				非常同意		非常不同意	
		1	2	3	4	5	6	7	不适用
1	整体上，我对这个场景中完成任务的难易度是满意的	○	○	○	○	○	○	○	○
2	整体上，我对这个场景中完成任务所花费的时间是满意的	○	○	○	○	○	○	○	○
3	整体上，我对完成任务时的支持信息（在线帮助、信息、文档）是满意的	○	○	○	○	○	○	○	○

图3-4　场景后问卷

3.4.10　基于场景的设计

基于场景的设计（Scenario-based Design）通过展现人们在特定情况和环境中活动的故事，从而将主要的服务概念以可视化的方式展现给用户[41]。这种方法可用于开发和交付阶段。基于场景的设计旨在预测人们在特定情况下的行为方式，对使用环境和预期用户没有严格定义，是一种灵活且经济高效的方法，非常适合设计新产品概念、识别潜在的用户和服务环境。

3.4.11　服务原型

服务原型（Service Prototype）是在服务真实存在的地点和情景中，通过观察用户与服务原型的交互过程来测试服务的工具。这种方法主要用于交付阶段。服务原型可以用来测试某些外部因素在服务交付期间产生干扰时会发生的情况[34]。

参考文献

［1］ Rijsdijk S A, Hultink E J. How today's consumers perceive tomorrow's smart products［J］. Journal of Product Innovation Management, 2009, 26 (1): 24-42.

［2］ Aarts E, de Ruyter B. New research perspectives on ambient intelligence［J］. Journal of Ambient Intelligence and Smart Environments, 2009, 1 (1): 5-14.

［3］ 董建明，傅利民，饶培伦，等. 人机交互［M］. 北京：清华大学出版社，2013.

［4］ 周济. 智能制造——"中国制造2025"的主攻方向［J］. 中国机械工程，2015，26（17）：2273-2284.

［5］ 季鸿，张云霞，何菁钦. 服务设计+：通信应用实践［M］. 北京：清华大学出版社，2018.

［6］ 盘古智库. 李玲飞|日本"社会5.0"战略与人工智能的未来［EB/OL］. 2019-10-10［2022-10-26］. https://www.163.com/dy/article/ER57061Q0519D88G.html.

［7］ 刘慧，刘玲玲，沈小晓. 智慧城市，让数据和技术更好服务生活［N］. 人民日报，2022-01-13（017）.

［8］ 花放，朱东君，刘玲玲，颜欢. 智慧城市，让生活更美好［N］. 人民日报，2021-10-21（017）.

［9］ 沈贻炜，俞春放，刘连开. 影视剧创作［M］. 杭州：浙江大学出版社，2012.

［10］ Bitner M. Servicescapes: The Impact of Physical Surrounding on Customers and

Employees［J］. Journal of Marketing, 1992, 56 (2): 57-71.

［11］罗伯特·斯考伯，谢尔·伊斯雷尔. 即将到来的场景时代［M］. 赵乾坤，周宝曜，译. 北京：北京联合出版公司，2014.

［12］廖丹. 基于场景分析和行为聚焦的智能产品设计研究［J］. 美术教育研究，2015（14）：58-59.

［13］彭兰. 场景：移动时代媒体的新要素［J］. 新闻记者，2015（03）：20-27.

［14］Short J, Williams E, and Christie B. The Social Psychology of Telecommunications［M］. London: John Wiley & Sons, 1976.

［15］Karmarker U. Will You Survive the Services Revolution［J］. Harvard Business Review, 2004, 82 (6): 100.

［16］罗仕鉴，邹文茵. 服务设计研究现状与进展［J］. 包装工程，2018，39（24）：43-53.

［17］Regan W J. The Service Revolution［J］. Journal of Marketing, 1963, 27 (3): 5762.

［18］Wolak R, Kalafatis S, Harris P. An Investigation into 4 Characteristics of Services［J］. Journal of Empirical Generalisations in Marketing Science, 1998 (3): 22-43.

［19］Collier D A. The Service/Quality Solution: Using Service Management to Gain Competitive Advantage［M］. New York: ASQC Quality Press, 1994.

［20］Clark G, Johnston R, Shulver M. Exploiting the Service Concept for Service Design and Development［J］. New Service Design, 2000 (7): 71-91.

［21］Kim M. An inquiry into the nature of service: A historical overview (part 1)［J］. Design Issues, 2018, 34 (2): 31-47.

［22］Shostack G L. How to design a service［J］. European Journal of Marketing, 1982, 16 (1): 49-63.

［23］Shostack G L. Designing services that deliver［J］. Harvard Business Review, 1984, 62: 133-139.

［24］Mager B, Gais M. Service design: Design studieren［M］. Stuttgart: UTB, 2009.

［25］胡飞，李顽强. 定义"服务设计"［J］. 包装工程，2019，40（10）：37-51.

［26］胡飞. 服务设计范式与实践［M］. 南京：东南大学出版社，2019.

［27］张曦，胡飞. 服务设计的一般性策略流程研究［J］. 包装工程，2018，39（2）：42-47.

［28］杰西·格里姆斯，李怡涟. 服务设计与共享经济的挑战［J］. 装饰，2017（12）：14-17.

［29］Schneider J, Stickdorn M. 服务设计思维［M］. 郑军荣，译. 南昌：江西美术出版社，2015.

［30］Lee J, Abuali M. Innovative Product Advanced Service Systems (I-PASS): Methodology, Tools, and Applications for Dominant Service Design［J］. The International Journal of

Advanced Manufacturing Technology, 2011, 52(9-12): 1161-1173.

［31］Valencia C A M, Mugge R, Schoormans J P L, et al. Challenges in the Design of Smart Product-Service Systems (Psss): Experiences from Practitioners ［C］. Proceedings of the 19th DMI: Academic Design Management Conference. Design Management in an Era of Disruption, London, 2014. Design Management Institute, 2014.

［32］Moritz S. Service design: practical access to an evolving field ［Z］. Koln: Koln International School of Design, 2005.

［33］代尔夫特理工大学工业设计工程学院. 设计方法与策略：代尔夫特设计指南［M］. 倪裕伟, 译. 武汉：华中科技大学出版社, 2014.

［34］Stickdorn M, Hormess M E, Lawrence A, et al. This is service design doing: applying service design thinking in the real world ［M］. California: O'Reilly Media, Inc, 2018.

［35］Shostackg L. How to design a service［J］. European Journal of Marketing, 1982, 16 (1): 49-63.

［36］贝拉·马丁, 布鲁斯·汉宁顿. 通用设计方法 ［M］. 胡晓华, 译. 北京：中央编译出版社, 2013.

［37］Junior, P. T. A., &Filgueiras, User modeling with personas. Paper presented at the Proceedings of the 2005 Latin American conference on Human-computer interaction,2005.

［38］Wang, X. Personas in the User Interface Design ［D］. University of Calgary, Alberta, Canada, 2014.

［39］李四达, 丁肇辰. 服务设计概论 ［M］. 北京：清华大学出版社, 2018.

［40］JeffSauro, James R. Lewis.用户体验度量 ［M］. 周荣刚, 译. 北京：机械工业出版社, 2018.

［41］Miettinen S, Kooivisto M. Designing services with innovative methods ［M］. Keuruu, Finland: Otava Book Printing, 2009.

第四章

智能产品的
服务系统设计流程

第四次工业革命产生了深刻的社会变革，互联网和人工智能渗透生活领域的每一个细节中，对人们的生活方式、消费观念和社交沟通都产生了极为深远的影响。在当今跨界合作和快速整合的背景下，伴随着理论研究的深入和行业边界的模糊，智能产品的服务设计更加注重产品系统内部各要素的相互影响、用户的体验和反馈，以及合理的流程安排和资源与需求互补，通过全域设计引领用户的生活方式。智能产品通过使用交互为用户提供不同的服务，以移动通信终端作为端口来提供服务与实施功能，可以对用户使用数据及其他外部信息进行自动接收、认知加工和分类处理，全方位参与用户的日常生活。智能产品的感知和反馈能力使得其具备更全面的适应力，通过系统科学的服务设计方法规划智能产品在不同情境中的应用场景，以互联网和人工智能技术为基石，可以为用户创造丰富多样的产品使用体验。

4.1　用户研究与产品调研

4.1.1　生活方式研究

当前，智能产品的市场竞争越发激烈，面对快速迭代的智能产品，准确分析用户需求并向其提供差异化的产品，才能获取市场竞争的胜利。因此，通过运用社会心理学中的一系列研究方法，深入了解用户的价值主张和生活方式，充分考虑用户的认知水平、使用需求和生活习惯，并符合用户的审美观、价值观以及对自我身份的认同感，经过调查研究分析得出结论后做出前瞻性的设计方案和解决方案，最终通过智能产品及服务设计进一步引领用户的生活方式。

生活方式指个人及其家庭日常生活的活动方式，包括衣、食、住、行等活动如何进行；广义上泛指人们所有生活活动的典型方式，包括劳动生活、消费生活和精神生活等。生活方式的概念起源于心理学，Lazer于1963年将生活方式研究运用于市场营销领域，提出通过研究用户的生活方式可以描述其相关心理特征，了解使用行为与生活方式之间的关系[1]。其他学者也从不同层面探讨衡量生活方式的指标体系以及其对用户行为的影响。Wells和

Tigert于1971年提出AIO量表可应用于用户生活方式的测量，通过描述性表达语句询问用户的活动、兴趣和意见。活动（Activity）指可直接观察到的一般日常活动；兴趣（Interest）指对于事物的兴奋程度；意见（Opinion）指对事物的观点，通过口头或文字表达对事物的解释、期望与评价[2]。梁峻将生活方式的构成分为五个维度，包括人口统计学、情感、社会、产品与外部条件维度，其中人口统计学维度包括目标用户的基本信息，如年龄阶段、经济收入、教育水平、性别特征、职业类别、婚姻状况、家庭情况等[3]。

在需求分析阶段，研究策略应当以产品能满足用户需求为终极目标；在场景设计、系统设计、产品原型设计阶段，深度理解用户是各种设计决策的重要依据；在测试与验证阶段，相应的评估信息也来自用户的使用反馈。因此，需要以用户为中心展开研究与分析。用户指使用产品的人，主要包括两层含义[4]：第一，用户具有人类所共有的一般特征，这些特征在用户使用每一件产品时都会表现出来，即用户行为会受到他们的五感能力、逻辑思维能力和反应观察能力等因素的影响，也会受到社会环境、文化水平、心理素质和生活阅历的影响。第二，用户可能是当前正在使用产品的人，也有可能是未来将会使用产品的人，无论何种情况下产品的属性都与用户的使用行为密切联系，包括用户对产品属性的掌握程度、对产品功能的规划预期、对正确使用产品的能力储备训练以及使用产品的频次时长。用户能顺利使用产品实现特定目标，使得产品价值得以最终体现，通过研究用户的生活方式，可以推导出用户特征和差异化需求，以便进一步细分市场，提炼不同的智能产品设计策略。另一方面，用户使用智能产品的一系列行为都与生活方式紧密相关，不同生活方式的用户会采取不同的使用习惯和操作方式，因此生活方式会直接作用于智能产品设计。对用户生活方式的研究能够帮助研究者更好地理解用户，设计出更加符合用户需求的产品。在研究中可通过定性或定量的方法了解用户的生活方式。在目标用户尚未明确的情况下，定性研究面向大众人群，可以获得用户信息，明确目标用户，并获得产品定义的灵感。定量研究指运用数据化的指标来表达用户使用产品的具体行为或现象，以便对某方面特征量的规定性进行分析与阐释，最终得出一般规律的研究过程。定量研究可作为定性研究的验证工具，根据研究过程的进展与需求，应考虑运用不同的方法。

4.1.2　产品市场调研

生活方式研究主要关注使用产品的人，产品调研分析则主要关注产品所在市场大的所属领域和同类产品的相关研究。通过收集信息可以深入研究目标产品的销售现状与所属行业的市场竞争状况、市场流行因素等，了解用户使用产品的体验感受和对产品潜在功能的期待设想，同时也应全盘统筹目标产品所在企业的发展方向与定位，为接下来的产品定义提供相关支撑依据。此阶段通常围绕市场定位、目标客户群、产品诉求、性能特色以及售价定位等方面展开，根据研究的深度和广度，还可以针对目标产品的市场竞品调研、支撑技术的更新方向、产品效力特征、人因工程规律以及社会潮流方向进行深入探讨，并通过一定的创意发想互动来汇总分析结果。

产品的市场调研是了解市场信息的重要途径，需要重点收集、整理并分析目标市场的相关信息，以及产品品类和品牌信息，得到的相关数据可以为设计前期策划提供科学有力的支撑。通过了解目标产品的定义、历史、分类、生命周期和行业现状，掌握市场变化发展的规律和趋势，分析行业的市场格局，并对市场前景进行合理预计。行业分析主要围绕市场规模、盈利情况和增长态势展开[5]，典型产品分析可以列举有代表性的产品与公司，具体描述流量、独立用户数、月活等硬性指标，还有公司规模、业务情况和产品的核心优劣势分析以及各产品间的关系分析。归纳机会点有可能出现在行业细分领域中的某一处、产品或服务使用场景的重构、以线下衍生需求为突破口、借鉴国外或其他行业的经验等。风险预测主要围绕评估产品核心价值能否实现，上下游公司以及网络巨头是否容易切入这个领域，盈利能力是否稳健等要素展开。

《孙子兵法·谋攻篇》中提出"知己知彼，百战不殆"。当今，市场上的同类产品纷纷采用各种策略以求在竞争中能脱颖而出，如果不了解行业与对手的现状，就很难设计出有竞争力的产品。通过竞品分析，可以了解自己的优势、劣势及拥有的设计能力和水平，并且知晓现有产品的情况和消费者的潜在需求，以及未来设计趋势和方向。竞品分析的内容通常由主观和客观分析两方面构成：主观分析一般由用户、设计师、工程师、市场专员等参与前期研究的人，根据自己使用或观察产品的主观感受与判断，罗列出本企业产品与市场同类产品的优势和劣势。客观分析一般指从市场同类产品中提取出需要分析的要素，并运用相关分析方法归纳出有用的结果。竞品分析可按照以下步骤进行[6]：首先是寻找竞争对手，可通过关键词搜索、媒体报道查找、同类产品的用户反馈等；其次，整理收集到的信息，建立竞品分析矩阵转化为有用信息。矩阵中常见的信息类别包括类别、平台、定价、公司背景、目标用户、市场时间、主要功能、关键用户体验、关键痛点、用户评价等。完成分析矩阵后，就可以更加直观地分析产品竞争对手的状态，并寻找到市场机会点，从而进行下一步研究和分析。

此外，竞品分析还需要了解其使用产品的体验与感受，详细分析用户对产品认知的准确性与控制的易用性、舒适性和安全性。智能产品的人机交互从传统的三维向四维空间拓展，交互界面的研究范畴也随之不断延展，包括认知界面和控制界面。产品认知界面调研主要调研认知符号、界面设计和交互流程。产品控制界面调研需要测量操控部件的尺度、动态和人体力量、肌肉疲劳，寻求更加合理的解决方案[7]。

4.2　场景要素架构

众多学者针对场景要素构成提出了不同见解。Flower[8]提出场景是对发生在环境中的故事的叙述，场景构成包括环境物理界限、持续时间阶段、对人物角色从事的各类活动或者事件的叙述以及商议、交流，并引导人物做出某种决定。Carroll[9]认为场景是有关人物及其举止活动的情节展现，具体的场景构成主要有人物、人物意向、后台、地点、剧情等。阿尔文·托夫勒[10]侧重于研究用户在某个场景中使用产品的具体情境，提出六个场景核心要素，主要有用户、环境、时间、空间、产品和使用行为。

智能产品的场景要素架构，需要描述清楚在何时、何地、何种环境中有哪些因素使身处其中的具有某种特性的用户想去完成一些事，以及他们会采取什么方式去实现，概括起来主要包括用户、事件、空间、时间等。

4.2.1　用户

用户是场景设计的基础，产品与服务都是以用户需求为终极目标的。传统产品设计中的用户仅仅是使用产品的人，而智能产品与服务中涉及的用户有多个不同类型，包括直接使用产品或服务的人，也包括其他利益相关方，如生产产品的人、提供服务的人、服务系统管理者等[11]。分析利益相关者之间的关系可以刻画和剖析场景中不同类型的用户角色[12]，以便确定用户的主导与从属关系、前台与后台关系等。

4.2.2 事件

事件是场景设计的核心，是用户使用产品与享受服务所经历的一段完整历程。具体可以理解为用户在某个场景中所发生的一系列行为，且这些行为可以进行抽象归纳和综合[13]。典型场景中的事件包括访友、烹饪、用餐、休息、运动、学习、娱乐、工作等。不同的事件会触发不同的产品需求与服务场景，从而帮助产品与服务更精准的定义价值诉求与导向。

4.2.3 空间

空间是场景设计的约束条件，指场景中事件发生的具体环境，描述用户使用智能产品及服务的地点。例如，可进一步细分为户外空间，如小区围界、儿童活动区、亲水平台等；室内空间，如餐厅、起居室、休息室、卫生间等。随着智能产品与服务边界的不断扩展，空间甚至还有可能是虚拟空间，如元宇宙的概念最初来源于美国作家尼尔·斯蒂芬森的科幻小说《雪崩》[14]，其中描绘了一个虚拟的网络世界，映射了现实的客观世界，所有现实世界的人在元宇宙中都有一个化身，在其中交往和生活。场景中的空间指用户对智能产品及服务的使用从开始到结束所处的一系列空间，具有连续的动态变化特征。

4.2.4 时间

时间也是场景设计的约束条件，是标注事件发生瞬间及持续历程的基本物理量，描述用户使用智能产品及服务的时光历程，可以是一个具体的时刻，也可以是一个连续的时段。时刻在时间轴上用点表示，例如清晨六点、上午八点、下午一点、晚上九点等；时段又称时间间隔，指客观物质运动的两个不同状态之间所经历的时间历程，时段的度量需要时间单位，如一分钟、十五分钟、一小时、五小时、一天等。场景中的时间指用户对智能产品及服务的使用从开始到结束所处的一系列时间，具有连续的动态变化特征。

空间与时间要素在很大程度上会影响用户的需求与行为方式，需要根据智能产品及服务被具体应用的空间与时间去规划和设计产品的功能，并进一步引导用户需求的产生。

4.3 用户需求挖掘

4.3.1 五层级需求

人类需求理论已被用来总结和概括成驱动人类行为的动机。需求体现为一种假设，即所有人类都在为"确定体验的基本素质"而努力[15]。如果可以捕捉、定义和设计人的需求，则所得到的体验将有更大的机会为用户积极接受，而用户的目标是最大限度地满足自己的需求[16]。

人类需求模型中的经典理论是马斯洛需求层次结构，美国著名社会心理学家马斯洛于1943年指出，人类需求可以描绘成金字塔内的五个层级，从最底端逐级向上，分别为生理需求、安全需求、爱与归属需求、尊重需求、自我实现需求。五种需求是最基本的，与生俱来的，构成不同的等级或水平，并成为激励和指引个体行为的力量。马斯洛认为，五种需求中，层次越低的需求对人类所起的作用力越大，越能激发人的潜能。随着需求层次的上升，需求的作用力相应减弱。低层次需求必须在高层次需求之前被满足，个体需求层次被满足的情况会有差异，如有些个体对尊重需求的满足甚至超越了对爱与归属需求的满足[17]。

这五个需求层次体现在消费市场中，层次越高的需求越难让所有的用户都被满足。在满足底端生理需求层次的市场中，产品只要具备基础的使用功能就可以满足大多数用户需求；在满足安全需求层次的市场中，产品的使用是否会对身体产生负面影响是多数用户希望了解的重点；在满足尊重需求层次的市场中，产品的持有是否会提高自己的身份、品位和社会地位是多数用户所重视的核心；在满足自我实现需求层次的市场中，产品的精神内涵和语意特征是否能够体现用户对自我的期待是需要突出的重点内容；在高端奢侈品市场中，用户拥有符合自己行为习惯逻辑的专属品牌产品。

4.3.2 七层级需求

1970年，马斯洛又将这五个层级扩充，在尊重需求之上逐级增加了认知需求和审美需求。因此，生理需求、安全需求、爱与归属需求、尊重需求、认知需求、审美需求和自我实现需求成为场景设计中的核心要素。需求研究包括了解使用产品的用户、用户需要完成的任务、具体的操作环境以及限制条件等，然后就可以描述需要设计产品的各项特征。产品的设计需求涉及很多方面，如使用产品的用户、交互界面、用户的使用行为、产品数据及使用环境等。此外，需求研究不仅包括直接用户，还包括所有的利益相关方。

4.4 服务场景分析与设计

4.4.1 场景分析

在不同的空间和时间内，用户通过场景中的不同事件会触发相应的使用流程，场景分析主要通过架构起一个系统的场景分析框架，去研究用户使用智能产品的各种不同场景，从而获取用户需求。

场景可以划分用户在日常生活中不同的情境片段，如老年人日常生活场景，可以细分为在家休息娱乐、饭后出门遛弯、入睡后起夜等多个不同的生活片段，每个细分场景都对应不同的需求。在对大的场景进行细分以后，设计需要进一步聚焦用户行为，此阶段是深入研究用户的生活方式后，明确归纳不同的典型用户群体，分析某一特定场景下该用户群体使用智能产品的具体方式，或者完成整个事件的流程，从而得到用户可能会遇到的问题和潜在的期望与需求。以目标用户为核心研究群体，组织各个类型的用户参与现场调研分析，包括对使用产品的人进行使用情景观察分析，对所有利益相关者进行深度访谈研究，以可视化表达方法呈现用户的生活习惯、消费理念、社交活动、家庭氛围等[13]。围绕用户、事件、空间、时间和需求等要素进行场景分析。在归纳智能产品及系统的设计需求时，要统筹协调创意设计、技术支撑和市场开发等一系列环节，在设计初始时确定正确的研发方向，这就有赖于对不同场景中用户的使用行为和情感的深入挖掘，以及对于技术可行性的谨慎决策。

4.4.2　场景设计

场景设计是智能产品开发设计中非常重要的阶段与步骤，通过可视化的表达手段具体而形象的构建未来场景原型，可以让设计、技术与市场等不同领域的研究者共同参与研究，系统规划智能产品的战略设计方向。

进行场景设计时，需要描述典型用户特征、行为观点和预期目标等，可以用目标用户人物画像进行描述，以便能精准定位产品和相应的服务。通过用户旅程图对典型用户在某个细分场景中的行为路线进行可视化表达，以此分析用户在每个阶段的关键行为和需求特征，以及使用某个智能产品的具体流程和存在的痛点、机会点等。通过服务蓝图对面向典型用户的服务流程和面向利益相关者的服务流程之间的依赖关系进行可视化表达，以便优化交互关系和用户体验，更好地进行系统总体规划与设计。通过故事板、人物画像、用户旅程图、服务蓝图以及信息流程图等工具可以明确细化用户在场景中的具体需求，并提出解决方案。在传统产品开发设计流程中仅着眼于研究用户的使用行为，而智能产品的开发设计需要将目标用户置于场景中去全面分析使用流程与需求，并将用户使用智能产品时的情绪体验进行可视化表达，增强了整个设计过程的逻辑性和可用性，也提高了用户对潜在设计点的感受和理解程度。

场景设计一般从各个场景要素切入，如对时间的安排、空间的规划，对用户的关系设计以及对某一使用环节中的服务设计。场景设计可重点聚焦于体验的创新，如营造空间的共享和交流，创造用户的沟通和链接[18]，场景设计是基于场景要素分析归纳出痛点与设计需求，以便能生成初步的系统解决方案，在所有功能要求的细节得到进一步确认，以及相关的技术方案选型确定后，即可开展产品原型设计。

4.5　产品原型设计

4.5.1　工业设计

智能产品的工业设计非常关键，通过工业设计可以赋予产品杰出的外观和舒适的使用体验，最终提高产品的附加值。在设计中需要考虑电子元部件、传感器等硬件的装配空间，以及产品外观造型的分型开模等因素。

在理解了用户需求和相关约束后，工业设计需要快速形成产品概念，寻找产品的解决方案，主要聚焦在产品的外观造型设计和用户界面设计，以设计草图的形式呈现，根据用户需求、技术可行性、成本和制造等因素，这些草图可以与相关技术解决方案进行匹配和组合，以便进一步进行方案评估。

通过三维建模软件绘制产品外观造型模型后，即可进行方案的初步评审，通过评审可进行产品外观打样，检查潜在问题，以便在建模软件中修改调整并再次打样与检查。此过程可以多次迭代，直到完全确认产品外观设计准确无误。

结构设计时需要根据产品的外观、功能等要素合理规划和布局内部元件。产品外观有活动部件时，结构设计还需考虑部件的稳定性与灵活性，并在完成结构设计后，反复多次打样进行验证。

硬件系统设计需要对产品的主板和其他电子元件进行选择确认和设计，如确定主要电子元件的规格型号、电子元件主板外形和主板堆叠、PCB layout、主控板PCB发板及贴片物料准备、传感器功能调试等，打样后进行功能测试验证，进一步优化修改和再次打样验证，最终确认硬件功能。

在外观、结构、硬件系统设计基本完成后，对产品样机进行整机组装，通过测试来验证样机是否能够正常运行。同时，需要从用户角度测试产品在人机交互、使用场景等方面的潜在问题，以便能进一步优化产品设计。在批量生产阶段，产品经过多次测试与修改并确保没有任何问题后，即可以进入大批量生产阶段。

在智能产品的工业设计中，通常不需要设计传感器电路，可直接使用成熟的传感器模块，将其直接接入系统平台，按照通信协议能直接获取收集到的数据。

4.5.2 软件设计

智能产品的软件设计包括草图绘制、低保真原型设计、高保真原型设计等。运用手绘将方案概念快速可视化，推敲产品的主要功能、使用场景与操作流程。以几何图形表达基本的界面功能及内容布局，不需要规划界面设计的细节，在方案不确定的前提下，可以随时进行修改。草图可以作为设计分析的切入点，使用户在使用过程中有更多交互体验，以便进行用户行为与习惯的影响因素研究。

当产品的功能需求和使用场景确定后，需要梳理产品的功能与信息结构，根据需求推导详细的功能点，设计低保真原型。绘制线框图进一步推敲界面的合理性，设计软件界面的功能、内容、布局和交互逻辑等，不需要具体设计产品按钮的形状、颜色、界面特效等因素。运用低保真原型进行产品验证与可行性研究，在用户不断试用的过程中及时发现问题，并反复改进原型设计。通过多次评估确定产品的功能逻辑，可进行界面设计和视觉设计，即高保真原型设计。高保真原型设计没有真实的后台使用数据，但是需要模拟前端界面的所有功能，设计界面的图标、字体、色调、标志等视觉要素，使原型能够直观体现产品功能，为其添加交互事件、配置交互动作。

4.6　测试与验证

在完成智能产品的工业设计和软件设计方案后，需要进行方案的测试和验证。可以选取一定数量的被测用户作为典型群体，让他们在真实情境中操作设计方案，包括硬件原型样机和软件交互界面，以便评估设计方案与真实用户需求之间的匹配程度，挖掘可能存在的缺陷或漏洞，最终进行设计方案的进一步优化和更新。

根据已经设计的方案，架构需要进行测试的场景任务，选择合适的可用性量表并准备访谈内容提纲和相关的测试材料与工具。根据场景任务和测试流程进行测试，在研究人员的引导下请典型用户试用被测试的智能产品，以照片和视频等方式记录使用过程，测试完成后，研究人员对被测用户进行访谈，并请其填写相关的量表或问卷。根据访谈结果和量表测试结果，分析工业设计和软件设计等方案的不足，将被测试用户的使用反馈信息作为产品进一步优化设计的依据，进行设计方案的迭代，此过程经过多次循环，直到确定最终的产品方案。

参考文献

［1］ Lazer, Wiliian. Lifestyle Concept and Marketing ［J］. Toward Scientific Marketing, 1964.

［2］ Wells Willianm D, Douglas J Tigert. Activities, Interests, and Opinions ［J］. Journal of Advertising Research, 1971, 11 (4): 27-35.

［3］ 梁峻. 用户生活方式调查框架初探［J］. 大众文艺, 2010（08）: 141.

［4］ 董建明, 傅利民, 饶培伦, 等. 人机交互［M］. 北京: 清华大学出版社, 2013.

［5］ 刘忠凯. 产品市场调研分析报告、竞品分析报告、产品体验报告的区别［EB/OL］. 2017-08-23［2022-10-28］. http://www.woshipm.com/pmd/761346.html.

［6］ 孙凌云. 智能产品设计［M］. 北京: 高等教育出版社, 2020.

［7］ 吴琼. 产品系统设计［M］. 北京: 化学工业出版社, 2019.

［8］ Flower L S, Hayes J R, Swarts H. Revising functional documents: The scenario principle ［M］. American Institutes for Research, 1980.

［9］ Go K, Carroll J M, Imamiya A. Surveying scenario-based approaches in system design ［J］. IPSJ SIG Notes, 2000, 12: 43-48.

［10］ 阿尔文·托夫勒. 未来的冲击［M］. 黄明坚, 译. 北京: 中信出版社, 2018.

［11］ 朱媛, 张祖耀. 基于服务场景的智能养老产品交互设计研究［J］. 包装工程, 2019, 40（22）: 153-159.

［12］ Maguire M. Context of Use within Usability Activities ［J］. Human-Computer Studies, 2001 (5): 453-483.

［13］ 黄彪. 场景驱动的智能产品设计方法与实践［D］. 湘潭: 湘潭大学, 2018.

［14］ 尼尔·斯蒂芬森. 雪崩［M］. 郭泽, 译. 成都: 四川科学技术出版社, 2018.

［15］ Sheldon K M, Elliot A J, Kim Y, et al. What is satisfying about satisfying events? Testing 10 candidate psychological needs ［J］. J Pers Soc Psychol, 2001, 80 (2): 325-339.

［16］ 陈芳, 雅克·特肯. 以人为本的智能汽车交互设计［M］. 北京: 机械工业出版社, 2021.

［17］ 百度百科. 马斯洛需求层次理论［DB/OL］. 2022-02-16［2022-10-28］. https://baike. baidu.com/item/马斯洛需求层次理论.

［18］ John McAuley, Kevin Feeney, Dave Lewis. Ethnomethodology as an Influence on Community-Centred Design ［J］. Proceedings of I-KNOW'09 and I-SEMANTICS'09 2-4 September 2009, Graz, Austria: 706-714.

第五章

智慧养老
——老年人智慧健康管理服务系统设计

2022年，国务院印发《"十四五"国家老龄事业发展和养老服务体系规划》文件[1]，提出利用大数据、互联网、人工智能等创新技术服务模式，方便老年人的居家出行、健康管理和应急处置，让老年人能够知晓新事物发展与体验运用新技术，在老有所养、老有所医、老有所为、老有所学、老有所乐上不断取得新进展，让老年人共享社会革新的发展成果，安度幸福祥和的晚年。

第七次全国人口普查数据显示，我国即将步入深度老龄化社会，60周岁及以上老龄人口数达到2.64亿，占总人口比重的18.70%，其中65周岁及以上老龄人口达到1.61亿，占总人口比重的13.50%。由此可见，我国老龄人口数量很大，老龄化速度很快，老年人需求结构正在从满足基本需求向实现自我价值转变。与此同时，老龄事业和养老服务还存在着发展的不平衡，这其中就包括居家社区养老和优质普惠服务供给不足、专业人才特别是护理人员短缺、创新智能产品技术支持不够等问题[2]。建设与人口老龄化进程相适应的老龄事业和养老服务体系的重要性和紧迫性日益凸显，任务更加艰巨繁重。

随着大数据、物联网、云计算等人工智能技术的快速发展，以信息科技和传感技术为核心的智能产品在社会生活中的应用越来越广。老年人的生理及心理特征、行为模式及使用需求，为智能产品在此群体中的推广使用创造了广阔的市场前景。如何将服务设计方法与智能科技相结合，合理规划产品功能和服务模式，使智能产品更加适合老年人群体的特定需求，让老年人尽量不改变既定的生活模式，用最小的学习成本去使用智能产品，并且感受不到智能技术，已成为亟待研究的社会热点问题。

5.1　国内外研究现状

智慧养老是指利用信息技术等现代科学技术，围绕老人的生活起居、安全保障、医疗卫生、保健康复、娱乐休闲、学习分享等各方面支持老年人的生活服务和管理，对涉老信息自动监测、预警甚至主动处置，实现这些技术与老年人的友好、自主式、个性化智能交互，一方面提升老年人的生活质量；另一方面利用好老年人的经验和智慧，使智慧科技和智慧老人相得益彰，目的是使老年人过得更幸福，过得更有尊严，过得更有价值[3]。

5.1.1　国内相关研究

与传统养老方式的不同之处在于，智慧养老方式高度依赖于信息技术的发展。当前，国内学者对智慧养老的内涵提出了不同的见解。白玫等[4]提出智慧养老基于传统养老的基础，由智能技术架构出一种安全、舒适与便利的环境，老年人生活在这样的环境中，物质需求和精神需求是两大核心诉求，是智慧养老服务需要考虑的主要因素，此外，在保证老年人日常健康生活的前提下，智慧养老尤其应该凸显老年人的自我价值实现。张丽等[5]提出智慧养老应通过信息技术的普及运用将养老资源进行跨行业整合，从而满足老年人的情感需求、受尊重需求和自我实现需求，最终提高智慧养老的服务品质。张泉等[6]提出智慧养老的四类核心需求是健康需求、安全需求、辅助需求和护理需求，其中健康需求包括精神健康，倡导应关注老年人的孤独、情绪调节和移情关怀。

黄意玲[7]结合穿戴式设备与健康数据整合平台的应用，针对66位受测者进行研究，让其佩戴智慧手环，以监测记录心跳、日常活动时间、走路步数等基本生理信息，并配合体重计、血压机、体温计等生理测量仪器的使用，平台接收数据后能自动上传至ComCare且在云端后台运算。此研究发现，当老年人使用穿戴式装置可有效进行健康管理，如血压、体重、体温、BMI值等；同时，此研究认为在健康促进行为方面，相较于没有佩戴穿戴式设备的对照组，受测者的步行数量有明显增加，且女性老年人更在乎自己每日的活动量。穿戴式装置具有友善性、简便性以及实时反馈等优点。王政程[8]的研究显示，平均每4名老年人，在过去一年中至少会跌倒一次以上。而跌倒所造成的伤害，轻伤是破皮出血，重伤可能是骨折，老年人跌倒则可能因为脑出血而危及生命。此研究用穿戴式心电图装置24小时监测心率，陀螺仪监测行为动作，尤其是跌倒等危险动作，以便及时探查事故与实施救治。此研究指出，针对居家环境所设计开发的生理传感器装置，应该是可携带及小型化的，尽可能地让使用者无感使用，进而监测使用者是否会遇到发生危害生命的情形。该装置能让受测者在家轻松使用，让使用者及家人都能轻松掌握使用者的健康状态。

5.1.2　国外相关研究

国外学者侧重于研究智能技术在老年人日常生活中的运用，主要聚焦在智慧家居、远程医疗、智能监控这几个方面，核心目标是维持老年人生理与心理的良好状况，生理层面指生活安全与身体健康，心理层面指精神需求，如拓展与外界的交流渠道以便老年人维系与社会面的正常联系，通过服务设计手段提高老年人的生活品质[9]。

智慧家居、远程医疗、智能监控等热点问题的研究都是基于老年人独立居家生活的场景下展开的。老年人在家待的时间长，他们与外部援助服务的脱节越来越多，人工智能、物联网、云计算、大数据等技术运用于老年人主动健康管理就显得越来越重要。日本早稻田大学Zhang[10]设计了一个包含低成本感测组件与手指机器人的智能家庭系统，该系统可以用来控制家用电器，通过使用二氧化碳传感器能够判断住户的位置，甚至可以了解住户的行动轨迹。美国学者Fritz RL[11]利用智慧家居设备检测到与疼痛相关的行为，可以对慢性疼痛患者进行自动化评估和支持干预。美国学者Muheidat F[12]提出了一个情境感知和私人实时报告老化的"智能地毯"系统，可读取步行活动，以提供一个自动化的健康监测和警报系统，并在此基础上扩展了该系统的功能，提高其检测跌倒、测量步态和计算穿过地毯人数（社交）的能力。美国斯坦福大学李飞飞[13]提出了家用AI系统的概念，这套人工智能系统的运行分4个步骤：第一步，是在家里部署传感器收集数据。各种智能传感器在采集的形式和种类上互为补充，在灵敏度上也互为补充。第二步，传感器数据被传输到某种安全的中央服务器，用于机器学习和训练。第三步，人工智能模型被训练来识别临床相关的行为，包括呼吸、睡眠、饮食和其他行为。第四步，是建立一种方法，将智慧传感器检测结果传达给护理人员和家人。该系统可以在确保隐私的基础上追踪健康状况，旨在实时追踪老年人健康状况的同时降低与外界的接触风险，同时方便护理人员远程监测老年人的基本身体状况，目前研究团队需要完成数据集的构建和模型的训练。英国学者Camp N[14]分析了39种目前世界上用于监测老年人日常生活活动的人工智能技术，研究发现每个系统识别的特定日常生活活动存在差异。尽管使用技术来监测老年人的日常生活能力越来越普遍，但人们对日常生活能力的认识、如何定义日常生活能力以及监测系统中使用的技术类型存在很大差异。在未来的研究中，应咨询主要的利益相关者，如老年人和医护人员，以确保开发的产品是真正可用的。

5.2 老年人需求与智能产品发展应对

5.2.1 老年人生理与心理特征

5.2.1.1 感知能力衰退

随着年纪的增长，老年人的视觉、听觉、触觉、味觉、嗅觉的感知能力都会逐步减弱。如视力模糊，需要借助老花镜才能看清文字，对颜色的视敏度减退；听力衰退，对周围环境中的声音不敏感，尤其是很难听清楚高频率的声音；触觉的衰退导致痛觉逐渐迟钝，容易烫伤或灼伤；味觉的衰退使得对苦、咸、甜、辣、酸等食物味道的感受程度明显减弱；嗅觉的衰退，使得对空气中异味的感受程度也显著减弱。

5.2.1.2 神经功能老化

由于衰老引起的脑细胞减少会导致老年人反应迟钝，记忆力减退，适应力下降，对信息的认知和思考能力进一步减弱，健忘、迷路会经常发生。

5.2.1.3 运动系统能力退化

老年人的肌肉老化、韧带萎缩、肌力降低，肌肉控制力会减弱，很容易摔倒。另外，骨密度降低、骨质疏松、骨骼脆性增加，摔倒后很容易发生骨折。

5.2.1.4 免疫能力下降

多数老年人都患有高血压、糖尿病、冠心病等慢性疾病，营养不良、睡眠缺乏、运动不足都会造成免疫能力下降，容易生病，进一步加重机体消耗和体质衰弱，形成恶性循环。

5.2.1.5 孤独依赖增强

孤独是指老年人不能自觉适应周围环境，缺少或不能进行有意义的思想和感情交流。孤独心理最容易产生忧郁，长期忧郁就会焦虑不安、心神不定。依赖是指老年人做事信心不足、被动顺从、感情脆弱、犹豫不决、畏缩不前等，事事依赖别人去做，行动依靠别人决定，长期的依赖心理会导致情绪不稳。

5.2.2　老年人生活场景中的困境

由于老年人生理与心理的显著变化，会造成他们在日常生活中遇到诸多不便。老年人起夜时，突然打开灯会觉得刺眼，不能马上适应；老年人久坐时，腿脚会麻木导致很难轻松起身；有人按门禁，老年人两手端着物品时就无法腾出手去开门；门外有访客，老年人看电视时可能无法听到门铃声；老年人坐在轮椅上时，可能无法弯腰去插插头等。如图5-1所示为在不同生活场景中老年人可能会遇到的困难。

图5-1　老年人可能会遇到的困难

5.2.3　面向老年人的智能产品系统与服务设计趋势

老年人特殊的生理与心理特点以及在生活中所面临的诸多困境，决定了需要针对他们设计相应的智能产品与环境。老年人对过于复杂的产品界面在认知和操作上都有很大的困难，因此，需要尽可能设置较少的控制按键，多采用语音识别、手势控制等简易的操作方法。可穿戴智能设备具有小巧便携、功能集成、服务平台化等特征。尤其适合记忆力衰退、行动力缓慢的老年人，产品具体形式可设计为智能手环、智能鞋子、智能拐杖等随身物品，实现健康监测、沟通联络、社交互动等多种功能。老年人随着年龄的增长，在生理和心理上都会发生很大变化，很多高龄老人和长期卧床的老人需要更多的照护与关爱，他们的行动力和学习力明显衰退，日常生活中较为容易情绪化，且易产生自卑、孤独、失落、抑郁的心理，适应周围变化的能力降低，同时又更加注重身体的保养和健康，需要更多情感上的交流和关心[15]。面向老年人的智能产品系统服务设计应重点关注用户体验，产品的显示界面及操作时的交互反馈应符合老年人的行为认知和情感诉求，产品的功能与服务会涉及健康管理、医疗急救、安全监控和休闲娱乐等多个领域。

5.3 老年人智慧健康管理服务系统研究

5.3.1 目标用户画像

世界卫生组织（WHO）于2019年公布新版的高龄整合照护指南（integrated care for older people，ICOPE），以社区为基础发展，以人为中心的整合照护服务模式，提出如表5-1所示的长者健康整合式评估量表，以便早期发现长者功能衰退，延缓衰弱与失能，维持及改善老年人身体功能与心理健康。在

表5-1 长者健康整合式评估量表

评估项目	评估内容	评估结果
A 认知功能	1. 记忆力：说出3项物品：铅笔、汽车、书，请长者重复，并记住，第2题后再询问一次。	是否能记住3项物品 □是 □否
	2. 定向力：询问长者 "今天的日期？"（含年月日） "您现在在哪里？" 询问长者第1题记忆力的3项物品	两个问题都回答正确 □是 □否

续表

评估项目	评估内容	评估结果
B 行动功能	椅子起身测试：14秒内，可以双手抱胸，连续起立坐下五次。	□是　□否
C 营养不良	1. 在过去三个月，您的体重是否在无意中减轻了3千克以上？	□是　□否
	2. 您是否曾经食欲缺乏？	□是　□否
D 视力障碍	您的眼睛是否有任何问题：看远方，看近处或阅读上有困难吗？有眼睛疾病，或有正在治疗的疾病吗（如高血压或糖尿病等慢性疾病）？	□是　□否
E 听力障碍	请跟着我念6、1、9。	是否两耳都听得到 □是　□否
F 忧郁症	1. 过去两周，您是否感觉情绪低落、沮丧或没有希望？	□是　□否
	2. 过去两周，您是否感觉做事情失去兴趣或乐趣？	□是　□否

家中可以通过这6项功能评估，了解老年人是否有健康隐患。

根据量表评分将老年人分为三个不同类型，包括：

（1）活力老人：指日常生活中能够无障碍进行各种活动的老人，以70岁以下的低龄老人为主，他们身体较好，思维清楚，经济自立，生活自理，需要社会活动场所和参与机会，再就业愿望强烈，渴望自我实现。

（2）自理老人：指日常生活中可以进行基本活动的老人，以70~79岁的中龄老人为主。

（3）非自理老人：指日常生活中需要在外部帮助下进行各种活动或完全不能进行活动的老人，以80岁及以上的高龄老人为主，他们一般体弱多病，有的甚至长年卧床不起或神志不清，自我照顾能力差或不能自理，缺乏独立的经济能力。

本研究通过对这三类老年人群体的需求和行为特征分析，将活力老人和自理老人确定为老年人智慧健康管理服务系统的目标用户，并建立了如图5-2所示的目标用户角色模型，以便能精准把握关键数据信息，有效帮助后续决策与方案设计。

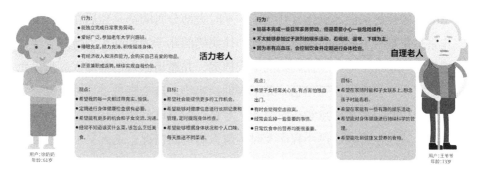

图5-2　目标用户角色模型

5.3.2　故事板

　　运用故事板将典型目标用户的需求还原到使用情境中，通过用户、产品和环境的互动关系，从系统角度研究智能产品与服务之间的逻辑关系，以及设计应该重点关注的问题。此方法的核心是通过构建场景原型快速模拟使用产品的具体发生环境，将上述研究中确定的目标用户放置到故事板中，描述用户如何使用产品与服务的细节，以可视化方式图解一个复杂的使用过程或产品的功能。如图5-3所示是以独居老年人徐奶奶一天生活中的多个典型场景为原型绘制的故事板。

图5-3　故事板

61岁的徐奶奶已经退休好几年了，平时大部分时间都是独居在家，子女工作繁忙很难有更多的时间照顾到她。徐奶奶的儿子为她购买了智慧手环，在健康管理系统中创建了徐奶奶的个人档案，并邀请家人们都加入进来，允许他们接收小程序的通知信息。儿子告诉徐奶奶，这个智慧手环可以提醒她注意营养均衡、规律作息和按时服药，对自己的身体健康进行持续监测和科学管理，家人也可以通过小程序及时了解徐奶奶的情况。这天早上，智能系统监测到徐奶奶忘记吃控制高血压的药了，随即发出提示信息。餐后徐奶奶出门散步，手环显示心率并将相关生理数据上传。徐奶奶散步回家后开始准备做午餐，想起儿子说过小程序可以分析食物营养成分，于是就上传了食材照片，后台结合徐奶奶的健康状况推送了烹饪菜谱，徐奶奶照着菜谱做了一顿美味又健康的午餐。餐后午睡了一会，徐奶奶打开收音机听音乐，她一时技痒也想高歌一曲，就拿出智能麦克风伴随着音乐开始唱歌，麦克风实时录制声音，并将数据传输到后台存储和分析。儿子在公司刚参加完一个重要会议，中场休息时收到小程序的推送，听了妈妈唱的歌，觉得很放心。这时，社区保健医生打电话来了，医生根据系统上传的健康数据为徐奶奶提供了养身保健的健康指导服务。

从故事板描绘的多个不同场景，初步归纳出目标用户的使用需求（表5-2）。

表5-2　智能产品使用需求

序号	需求
1	需要照顾和陪伴，以及更多的情感沟通交流
2	需要智能产品持续监测身体状况
3	通过在智能系统中创建个人账户，实现个性化健康管理
4	智能产品可以实时监测
5	智能产品小程序家属端可以实时联系
6	运用人工智能大数据分析，建构个性化推荐引擎
7	智能产品可以学习用户个性化需求，对日常饮食进行合理规划
8	结合后台数据，完善用户的喜好
9	智能麦克风实时收集数据，提供后台分析与监测

5.3.3 智慧家总体规划设想

如图5-4所示是关于智慧家的总体规划平面布局图，图中涉及多个相关智能产品，为便于研究顺利展开，理清系统要素关系，第一阶段首先选择其中的代表性智能产品，主要是家庭服务机器人、智能护理床、智能手环，进行典型案例研究。

家是智能产品与服务需求最集中的应用场景之一，本研究的目标用户聚焦于活力老人和自理老人群体，他们能独立生活，并且愿意甚至乐于选择新的生活方式。智慧家将以更智能化的方式为老年人主动提供各种生活支持服务，家庭服务机器人、智能护理床、智能手环等产品与部署在居家环境中的其他传感器之间共享场景中的关联数据，并通过后台云服务进行使用数据学习和用户行为预测。例如记录老年人的健康指标、运动记录、饮食偏好等，推送相关智能服务，包括健身指导、送餐服务、服药提醒、机器人清扫等。同时，未来智慧家也关注老年人的情感需求。由于子女大多外出打拼，无暇长期陪伴左右，老年人普遍有孤独、寂寞等情感危机，稳定的社交群体和丰富的社会活动可以给他们很大的精神慰藉。本场景中的智能产品系统会自动

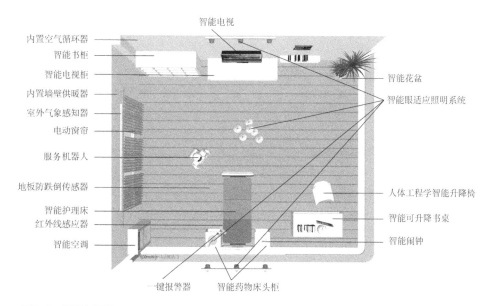

图5-4　平面布局图

记录老年人的行为习惯及喜好，例如近期的运动、常玩的游戏、关注的电影等，老年人可以进行云端分享，开展网络社交和群体互动。服务于智慧家的健康管理系统需要支撑老年人与家人、社区内部、社区和公共医疗服务之间的数据互联、计算分析和管理维护。系统连接老年人家庭环境中的物联网，获取不涉及老年人安全隐私的数据，为老年人提供智能服务。

5.3.4 不同场景下的用户旅程图分析

从智慧健康管理服务的宏观层面入手，架构目标用户的使用场景，主要选取三个不同的典型生活场景展开研究，包括老年人起夜、出门以及居家等。这三个场景主要关联三个智能产品，如起夜主要关联智能护理床、出门主要关联家庭服务机器人和智能手环、居家主要关联家庭服务机器人。用户在不同场景中使用智能产品的用户旅程图如图5-5～图5-7所示，分析老年人在场景中使用产品服务的满意度变化与不同服务触点之间的互动行为，挖掘使用过程中的痛点并寻求机会点。

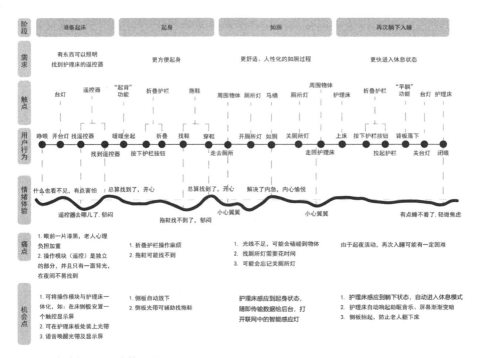

图5-5 起夜场景下用户旅程图

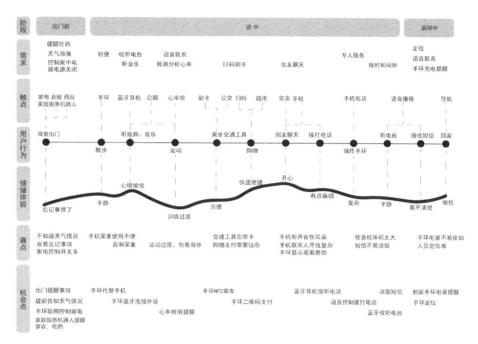

图5-6 出门场景下用户旅程图

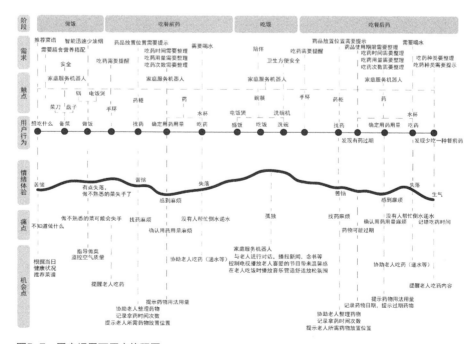

图5-7 居家场景下用户旅程图

5.3.5　服务系统模型

以老年人的实际需求为导向，以本研究中智慧健康管理系统中的三个产品——家庭服务机器人、智能护理床和智能手环为核心，建立如图5-8所示的服务系统模型。主要构成要素包括智能产品、老年人、子女、社区照护中心、医院、政府、企业、智慧养老信息管理平台和云平台。政府对智能产品相关生产企业起到政策导向和信息监管的作用，政府对医院和社区照护中心监管并提供资金支持。智能产品主要向老年人提供智慧健康管理的相关服

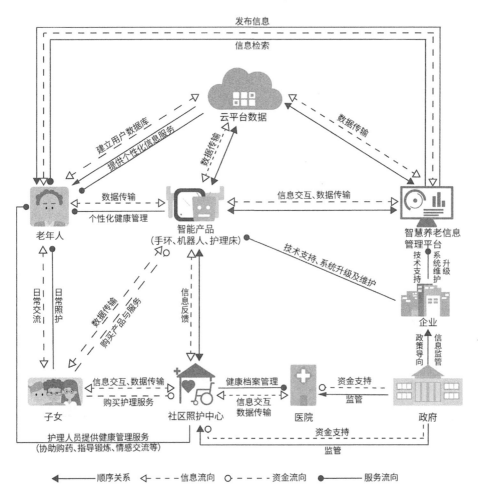

图5-8　服务系统模型

务，将采集到的数据传输给智慧养老信息管理平台和云平台，后台分析运算后反馈给智能产品，为老年人提供健康监测、用药提醒、个性化推送等服务。子女可以根据具体情况为老年人购买适合的智能产品与服务，并通过智能产品以及社区照护中心反馈的信息数据随时掌握老年人的健康情况。社区照护中心根据智能产品反馈的信息为老年人建立健康档案，并在需要时向医院提供信息，辅助医院的系统诊断和治疗。

5.4　老年人智慧健康管理服务系统原型设计

5.4.1　智慧健康管理服务系统平台架构

智慧健康管理服务系统平台架构见图5-9，包括感知层、互联层、计算层和应用层，它们之间发生交互作用，向居家的老年人提供日常健康管理服务，以及支持相关后台部门进行运营、维护等日常管理操作。在感知层，部署在居家环境中的各类传感器、测量装置、生理数据输入界面和摄像头会采集老年人在日常居家生活中发生的各类行为、室内外气候、道路、交通等信

图5-9　系统平台架构

息；在互联层，以太网和无线网络把采集到的信息传输，具备访问互联网功能的相关智能产品与云平台、智慧景区信息管理平台发生交互；在计算层，云平台数据深度学习，实现集成、分析、整合、分配和预警，为应用层的家庭服务机器人、智能护理床和智能手环、智慧养老信息管理平台、手机App提供支持信息，满足各方的服务和管理需求。

5.4.2　家庭服务机器人设计

家庭服务机器人是一种消费类产品，在外观、人机交互等方面的设计要求都比较高。因为消费者的感性需求因人而异、千变万化，所以要使家庭服务机器人的外形设计能符合消费者的需求不是一件易事；怎样将模糊不清的需求具体转化为家庭服务机器人的外形设计要素，是设计亟待思考的问题。

在设计领域，相关学科提供了一些可借鉴的方法。Osgood等提出的语义差异法是一种基本的研究方法，它通过学习对象（包括产品外形、色彩等）的语义，将用户的心理表现反映在Likert量表上，然后运用数理统计的方法分析其规律。日本学者提出了感性工学（Kansei Engineering）的研究方法，以消费者为导向，把消费者对产品的感性意象量化[16]，即将模糊不清的情感转换为定量的数据[17]，在保证产品物理性的前提下，设计出符合使用者心理感受的产品[18]。基于上述研究成果，如何用理性思路来归纳消费者对家庭服务机器人外形的感性认知的一般规律，并进一步将消费者的感性需求转化成新产品的设计要素，就是本研究亟待解决的问题。

本研究运用语义差异法寻找相关的语义词汇来描述家庭服务机器人的风格意向，使用多对相反的形容词从不同角度来评估感性因素，并建立心理学量表，运用数理统计方法去分析。然后运用层次分析法（AHP）从目标用户的需求出发，最大限度地将体现用户需求的"亲和关爱"描述出来，层层深入分解感性因素，以提供判定依据，最终得出对方案的评估意见以促进设计方案的修改。

5.4.2.1　家庭服务机器人总体设计需求

基于老年人独自居家养老的生活场景，希望服务机器人能完成预防、治疗、监测、康复及娱乐等系列功能，为老年人提供重要的生活支持，最终创造出老年人与机器人友好共处的人机交互生活新模式。与工业机器人不一样，家庭服务机器人是在室内环境中运行，在设计中如何削弱冰冷的机械感，增加其"亲和关爱"的成分就显得尤为重要。

机器人的外形设计应突出人性化操作的特点，使操作界面更友善。综合项目研究要求，方案设计应该具有以下几个关键点：与居家养老的环境协调和融合；家庭服务机器人的操作界面简单且人性化，并注意避免误操作；产品需要对老年人有亲和力。

5.4.2.2　感性因素分析过程

首先，大量收集现有产品图片，得到如图5-10所示的家庭服务机器人样本，并设计问卷全面调查每个样本在"亲和关爱"上的强弱程度。受测者为了解或使用过家庭服务机器人产品样机且年龄在60～80岁的老年人，让他们对7个样本进行5档的属性感评价，如图5-11所示，量化标准为-50分代表完全不具亲和力，50分代表最具亲和力。

样本1　　样本2　　样本3　　样本4　　样本5　　样本6　　样本7

图5-10　家庭服务机器人样本

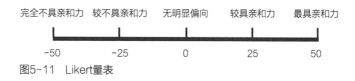

完全不具亲和力　较不具亲和力　无明显偏向　较具亲和力　最具亲和力

-50　　　　-25　　　　0　　　　25　　　　50

图5-11　Likert量表

调查问卷发放20份实收20份，统计结果如表5-3所示。从表5-3中可以看出，样本5排名第一，样本4和样本2分别排在第二、第三位，它们都具有造型拟人化的特点，且整体线形圆润流畅、细节部件设计周到。排在最后两位的分别是样本7和样本6，它们都具有整体外形的机械感强、结构功能不清晰、给人以冰冷的距离感和陌生感的特点。

表5-3　产品样本问卷调查统计表

样本	1	2	3	4	5	6	7
得分	28	38	35	40	43	15	6

分析问卷中主观部分的回答情况，整理与"亲和关爱"要求相关的描述，表现在以下几点：第一是拟人化要求，整体达到柔和圆润的形态，摆脱机器人的冰冷机械感，注重服务和关怀的特性；第二是易操作性，能够通过显示屏进行使用者交互，当显示屏上出现相关信息提示时，用户能进行触屏操作，从而完成操作反馈；第三是形态统一，在整体造型上有便于识别的一致性，细节形态的塑造方面能将整体形态DNA延续下去；第四是现代美感，造型简洁又大气，整体配色不宜过多，以2~3种为最佳，同时又要避免单一色彩。

然后，运用层次分析法（AHP）进行推论，最大限度地将消费者的感性需求描述出来，利用"为了满足亲和关爱的要求，必须做到的项目有哪些"的设问方法进行，从0次感性开始，渐次向下拆解展开成清晰且具有意义的子阶层，如1次感性、2次感性……到第N次感性，直到得到产品设计的详细说明为止[19]。从而对现有产品能形成基本评价，对设计方案提出有针对性的改进意见。运用AHP的方法建立如表5-4所示的层次分析表[20]。

从表5-4可以看出，每一层的概念是上一层的深入和细化，从根层逐步深入到基本层、拓展层、形态层和本质要素，如抽丝剥茧般触及与造型属性相关的技术特性，从而为工业设计明确指出了设计要求，完成从感性需求到理性设计的过渡。

表5-4　针对亲和关爱的层次分析表

根层	基本层	拓展层	形态层	本质要素	技术特性
亲和关爱	拟人化要求	光滑感	线形流畅	整体	大曲率的曲线平滑处理
			避免锐利的拐角	过渡	圆滑的倒角
		清新感	整洁干净	整体	采用白色主体色
			色彩对比强	局部	采用蓝色
	易操作性	明确性	信息交互明确	显示屏	符合人机
			标示准确	操作	有红色

续表

根层	基本层	拓展层	形态层	本质要素	技术特性
亲和关爱	易操作性	细节突出	细部清楚	散热孔、红外、超声、振动传感器，摄像头等	散热孔腰形孔、传感器与整体造型融合、摄像头拟人化设计（眼睛）
			避免误操作	急停按钮	设计在背部
		无障碍性	避免尖锐的转角	倒角	小圆角过渡
			舒适感	整体	色彩明度对比小
	形态统一	结构统一	整体与细节统一	局部	造型DNA的延续
			细节呼应整体	局部	配色
		色彩协调	搭配合理	整体	白色
			不超过两种	部件	蓝色点缀
		完整感	工艺精湛	整体	表面涂覆
			整齐感	整体	工艺缝
	现代美感	造型抽象	采用结构化	局部	几何造型语言
			透明材质	局部（眼睛部位）	小圆角
		科技感	金属质感	局部	色彩明度小
			肌理清晰	整体	表面涂覆

5.4.2.3　设计展开

依据上文的分析思路和结果，初次方案设计了7个不同的样本，如图5-12所示，在外形上各有侧重点，并将其再次作为分析样本给受测者进行问卷测试。受测者仍然为了解或使用过家庭服务机器人产品样机且年龄在60～80岁的老年人，依据前述方法让他们对7个样本进行5档的属性感评价，调查问卷发放20份实收20份，统计结果如表5-5所示。从表5-5中可以看出，样本2、样本3和样本7分列前三位。它们的共同点为造型具备孩童的外貌特征，能引起老年人用户的喜爱和愉悦的心情，整体线形圆润流畅，身体前部有触摸屏用于信息交互，让老年人用户便于操作使用。两个得分最低的样本为样本5和样本6，它们共同的特征为整体造型过于炫酷，线形过硬，在情感上较难得到老年人的怜爱并产生距离感。

样本1　　　样本2　　　样本3　　　样本4　　　样本5　　　样本6　　　样本7

图5-12　设计方案样本

表5-5　设计样本问卷调查统计表

样本	1	2	3	4	5	6	7
得分	26	45	40	29	11	17	36

5.4.2.4　最终设计方案

外形设计要服务于功能，家庭服务机器人的功能需求和机械结构会对其外形产生影响和约束，因此单纯从感性工学出发进行形态设计还远远不够；必须立足于这些影响和约束之上进一步明确设计需求。本项目研究中的家庭服务机器人要完成预防、治疗、监护、康复和娱乐等系列功能，能为老年人提供日常生活支持，需要采用图5-13所示的AS-R开放平台装置作为机器人的驱动底座。AS-R平台装置采用Windows和VC系统，具备图像采集处理和语音交互等功能，自下而上依次为动力、控制和传感系统，上层的铝制框架可作为拓展层放置运动控制卡、手臂等配件。平台装置实物和主要外形尺寸如图5-13所示，顶圆直径为485mm，顶面距地高500mm，两个主动轮直径200mm，两轮间距410mm。服务机器人壳体必须将平台装置包裹进去，且总身高不超过1200mm，以免影响行走时的稳定性。巧妙运用相关形态设计处理手法可以减弱现有平台装置的实际体量给造型产生的负面影响。

设计需要准确理解和把握约束条件，这是进行方案设计的重要依据。服务机器人整体造型设计受现有技术支撑的约束，必须基于AS-R开放平台装置的功能与结构进行设计。通过对现有约束条件的深入分析，归纳出设计方向，形态设计方案采用轮式行走，机器人身体部分的壳体形态以筒状造

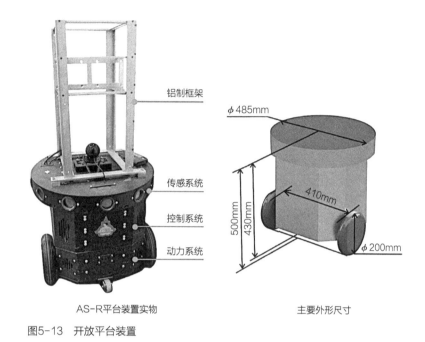

铝制框架

传感系统

控制系统

动力系统

AS-R平台装置实物　　　　　　　主要外形尺寸

图5-13　开放平台装置

型呈现，才能以最小的体积将庞大的装置包容进去，以图5-14～图5-18所示的设计草图进行了形态方案的思考与表达，重点在以圆柱体为基本造型语言的前提下，如何通过形态分割等设计手法在视觉上减弱装置庞大的体量感。

形态方案的遴选过程如图5-19所示。图5-14所示方案1为初次设计方案。对照AS-R开放平台装置相关尺寸，因为$C1$小于430mm，则直径$A1$和直径$B1$必须都大于485mm，该方案的身体和底座壳体才能将装置包裹进去。采用ABS材料和吸塑工艺制作了此方案的原型样机，测试时发现机器人整体造型非常庞大和臃肿，影响行走稳定性以及用户的视觉美感和体验。为了进一步优化设计，提出了图5-15所示的方案2的构想，由于$C2$略大于430mm，直径$B2$只需要略大于485mm即可将装置包裹进去，给直径$A2$小于485mm创造了条件，使得机器人整体造型成功瘦身。延续方案2的解决思路，并综合前述在分析过程和设计展开中基于感性工学得出的设计结果，归纳出众多样本所具有的"亲和关爱"成分在外形上的共同特征，又设计了图5-16所示的方案3和图5-17所示的方案4。

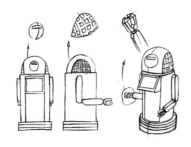

图5-14　设计草图1

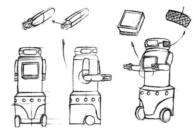

图5-15　设计草图2

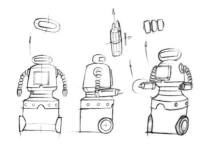

图5-16　设计草图3

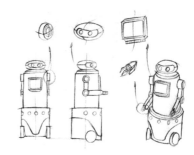

图5-17　设计草图4

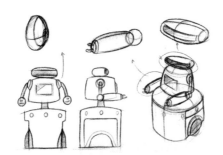

图5-18　设计草图5

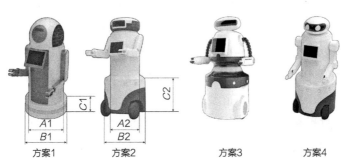

方案1　　　　方案2　　　　方案3　　　　方案4

图5-19　形态方案遴选过程

机器人是服务于人的，在整体形态语义上应该传达出毕恭毕敬的态势，如图5-20所示，在方案4中针对机器人的身体形态做出了前倾5度的倾角设计，最终确定方案4为终稿方案（设计方案已获得外观设计专利授权，专利号为ZL 201130059022.2）。使用简洁的几何形状组成机器人外形，头部为椭球形，身体是不同

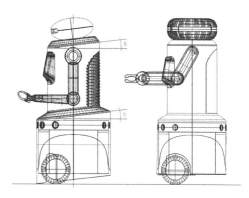

图5-20　倾角设计

直径的两个圆柱体，将庞大的驱动底座和支架结构包裹在外形中。传感器可以让机器人感知老年人的位置移动，其与机器人的外形设计巧妙融合在一起，如将两部CCD摄像机放在头部正前方作为机器人的眼睛，在机器人底座壳体上部内嵌有5个传感器。白色的主体色有耳目一新的清新感，让人情绪稳定；触摸屏的颜色和面部及底座部分壳体都是深灰色，将色彩层次拉开；底座和手臂上有蓝色LED光带，能减轻视觉疲劳。如果使用的是单一颜色的机器人很难创造出视觉上的兴奋点，通过具有不同色彩属性的主色和辅色之间的搭配设计，可增添产品的活力。壳体材料选用ABS塑料，表面喷漆处理成亚光的视觉效果，使外形更加柔和。家庭服务机器人的特殊性就在于，它遵循人性化、情感化、智能化的设计方法，在很大程度上是主动服务于人的，而不是像其他产品一样，被动地受控于人，频繁地依赖人操作。在界面的体现上有各种方式，例如在老年人接触机器人时，材质部分能调节并做出反馈；在光电、声像设备上能够及时表现，通过分析老年人的情感来表现出符合其情感需求的"情感"，给出可以看得见的表情、肢体语言，发出适当的声音、合适的光，甚至是嗅觉气味。让老年人在心理上感觉到，机器人的人机交互界面是具有主动情感交流的。

如图5-21所示为壳体样机，如图5-22所示为壳体部件。

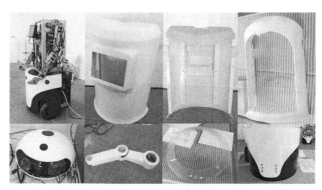

图5-21 壳体样机   图5-22 壳体部件

5.4.3 智能护理床设计

如图5-23所示为智能护理床设计方案，床头板和床尾板造型呈向中心围合状态，让使用者躺在上面时有被包容的安全感。在左右两块侧板和床头板、床尾板上的镂空处边缘配置有蓝色LED灯带，可以根据实际需要进行亮度调节。床侧面的触摸屏主要提供给老年人躺在床上时使用，床尾板上的触摸屏可以供老年人、子女或其他陪护人员操控使用。如图5-24和图5-25所示，智能护理床可以实现辅助起身、左右侧翻等功能，帮助较长期卧床的老年人自主翻身。

当老年人准备休息时，可通过点击床侧面或床尾触摸屏菜单上的相应功能选项切换到"休息模式"，房间内的电动窗帘自动合上，所有照明灯光自动关闭，仅保留床头灯光照明。当床板上部署的传感器感应到老年人躺下后，智能音箱会响起预先设定的助眠音乐。在老年人的睡眠过程中，智能护理床上的健康监测传感器会实时监控生理指标参数，一旦发生异常情况就启

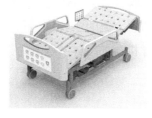
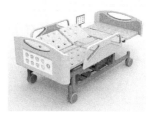

图5-23 智能护理床设计方案   图5-24 辅助起身功能   图5-25 辅助侧翻功能

动报警程序。当老年人起夜时，床上的传感器感应到老年人起身的动作，系统会根据预先设定启动睡房、走道和卫生间的智能感应夜灯，调节到合适的照明亮度，以保证老年人的行走安全。温度传感器可以感应室内温度的变化，并将数据传输到控制中心，随时开启空调和空气加湿器，以保证室内的温度和湿度都合适，为老年人提供舒适的睡眠环境。

5.4.4　智慧健康管理服务平台设计与实施

如图5-26所示，采用敏捷开发方法进行智慧健康管理服务平台的设计，先开发老年人居家健康管理的模块功能，经过需求分析、系统设计、系统雏形、上线测试等步骤，以此类推逐一开发休闲娱乐模块、安防报警模块、膳食管理模块等功能。管理服务平台的联机测试以手机App及云端服务器为主，整合各功能模块智慧健康管理服务平台的流程分析与设计。

通过用户访谈展开需求表述和模拟情境设计，并确认汇总所有需求。展开使用者需求分析，由研究者召集智慧健康管理服务平台所有利益相关者进行面对面交流沟通，并解说初步规划的系统模块功能，然后就各利益相关者填写需求功能意见调查表，以便了解老年人对平台系统功能的需求问题。开发智慧健康管理服务平台的系统设计，如图5-27所示为用户端App中居家健

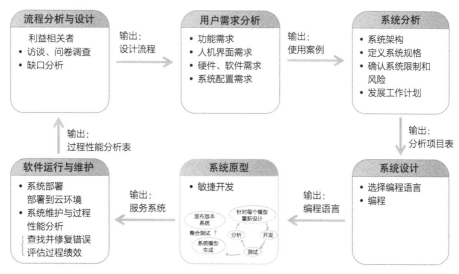

图5-26　智慧健康管理服务平台设计与实施流程图[21]

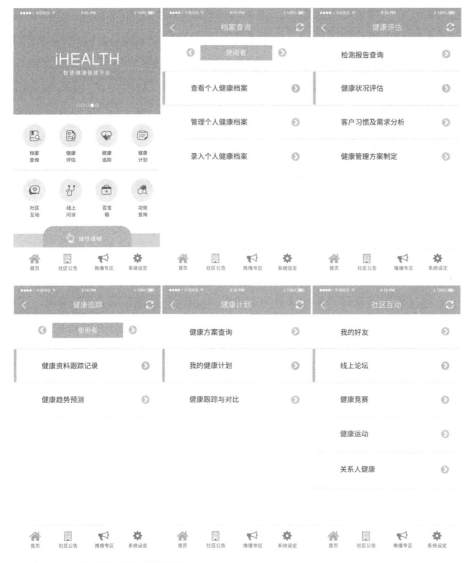

图5-27 居家健康管理模块设计示意图

康管理模块设计示意图，设计说明如下：

（1）档案查询：在移动端可以查看、管理、录入个人健康档案，包含基本档案和体检档案。

（2）健康评估：根据老年人档案信息、检测报告、动态监测信息等数据，评估健康状况，分析习惯需求，个性化定制健康管理方案。

（3）健康追踪：持续跟踪记录老年人的健康数据，并进行身体健康趋势预测。

（4）健康计划：可以查询老年人实时健康方案，制定健康计划，并进行健康监测跟踪与前后数据对比。

（5）社区互动：具备实时聊天、在线论坛、健康竞赛、健康运动、关系人健康实时查看等功能，社区用户可通过健康讲座等途径聚集和建立联系，通过实时聊天、在线论坛建立在线沟通，系统平台每天会根据使用者添加的好友健康信息、运动信息进行评比，并将排名信息推送至用户及相关好友的手机终端，通过关系人健康实时查看亲友的健康状况。

执行智慧健康管理服务平台的系统雏形，经循环式的分析、设计、开发、测试流程后，整合各个可用的功能模块。应用敏捷开发评估各功能模块的需求，以便进行快速改变与调整。最后可展开智慧健康管理服务平台的测试与修正。系统平台的各模块开发设计期间，通过逻辑功能测试修正不符合逻辑的程序"Bug"（故障），并于各模块设计完成后进行前导测试，使功能模块更加完善。智慧健康管理服务平台App以老年人使用为主，信息呈现方式需要简单、精准且易于理解，有完整的操作说明，首页的各图标需有文字批注，方便用户辨识、认知和操控。

5.5　设计评估

本研究重在鼓励老年人运用智能物联网技术进行身体健康的智慧管理，针对该研究需结合智能手环与家庭服务机器人、智能护理床产品，配合后台平台实时分析数据做反馈，通过移动端系统实时显示数据。透过智能物联网技术的架构应用，为老年人提供一种创新的服务体验，更好地解决老年人的健康管理、居家安全和情感陪伴等问题。依赖于智慧家中的产品—环境—服务等要素设计，使得老年人的子女、社区照护中心和医院等成为老年人日常健康养身信息的管理者，可以通过与老年人的即时无障碍沟通向他们提供更多的关心与照料，为老年人提供决策支持。医疗服务远程网络化与数字化的普及，使得在个人健康信息管理系统中存储老年人相关的生理指标与健康数据变得非常便捷，医护人员在内部医疗网络上远程访问这些信息后，能够为不同的老年人患者开具有针对性的个性化处方,为老年人提供精准的医疗服务。

本研究中涉及的智能产品较多,系统较庞大,因此设计评估分期进行。初步搭建了如图5-28～图5-30所示的室内环境,用于第一期老年人在特定居家生活场景中使用智慧健康管理服务系统的设计评估。后期会征得受测者同意,在其居家住所中部署相关智能产品,开展第二期评估。首批小规模测试共招募30位受测者,分为老年人与亲友两组(每组各15人)展开测试,老年人在居家环境中使用智能手环、家庭服务机器人和智能护理床,由研究者进行观察与记录,老年人与亲友使用智能手机作前端测试,评估流程如图5-31所示。

图5-28 室内测试环境1

图5-29 室内测试环境2

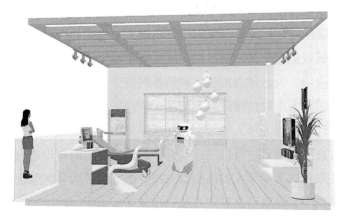

图5-30 室内测试环境3

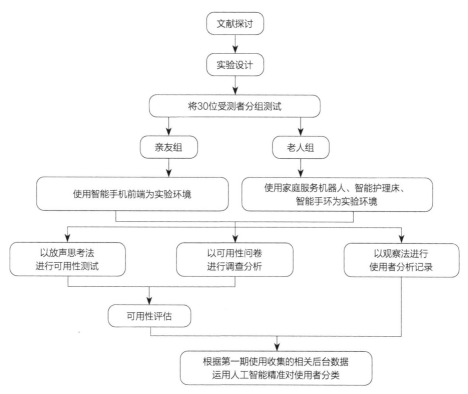

图5-31　评估流程

5.5.1　问卷调查

本研究前期要了解居家生活的老年人的相关问题，需要设计问卷给老年人、亲友及社区服务人员填写，收集相关基本信息以及服务需求，对于后续研究非常有帮助。

5.5.2　系统可用性量表

本研究非常注重参与者的使用性感受，如果使用者无法在很自然的状况下使用系统，并能迅速理解系统的操作并沉浸于其中，后续的研究将无法成立，因此运用系统可用性量表（System Usability Scale，SUS）来测试使用者的主观感受，由于问卷题组简单，对使用者来说较容易回答，搜集方法有弹性，不需要花费大量人力及成本。

5.5.3　用户交互满意度问卷

用户交互满意度问卷（Questionnaire for User Interaction Satisfaction, QUIS）主要以人机互动接口的观点，评估用户的主观满意程度，题项可以依照研究的需求做增减。本研究在开发过程中，分别针对使用者端的互动满意度和实际进入生活场景中的互动过程，请系统用户做互动的满意度调查，评估工具的弹性取决于本研究的设计系统与机制。

5.5.4　观察法

以老年人为对象，研究者以观察者的角度来检视，从旁做观察记录。采用世界卫生组织公布的长者健康整合式评估量表，了解老年人对相关智能产品的使用是否达到预期效果，或者是否衍生出其他问题。观察他们是否愿意与智能产品互动，并询问一些问题，这些情境需要依靠研究者实际观察，才能够精准地掌握此使用者的经验。在实验开始前需要得到老年人及其子女的同意，并签署知情同意书。

5.6　结语

本研究中涉及的智慧养老服务主要面向居家老人，通过智能物联技术连接软件与硬件，搭建智慧健康管理信息平台，最终提供高效实时的智能化养老服务。本研究通过对目标用户生理与心理特征的准确分析，挖掘他们在实际生活场景中的困境，由此建立目标用户角色模型，运用故事板将典型目标用户的需求还原到使用情境中，从系统的角度分析智能产品与服务之间的逻辑关系，由此推导出智慧家总体规划设计。以老年人起夜、出门和居家这三个典型生活场景为切入点，关联核心智能产品绘制用户旅程图，并建立服务系统模型，开展老年人智慧健康管理服务系统的原型设计。通过搭建特定居家生活场景实地模型，对老年人使用智慧健康管理服务系统的用户体验进行设计评估，评估结果有助于后续研究中对系统的迭代升级。

第五章注释

　　本章节中 "5.4.2　家庭服务机器人设计" 内容已发表至《包装工程》，详见朱彦.基于感性工学的家庭服务机器人外形设计研究［J］.包装工程，2015，36（14）：50-54.

参考文献

［1］　国务院.国务院关于印发 "十四五" 国家老龄事业发展和养老服务体系规划的通知［EB/OL］.2022-02-21［2022-11-01］.http://www.gov.cn/zhengce/content/2022-02/21/content_5674844.htm.

［2］　张婷.彰显人民情怀为党旗增光添彩——我国养老服务朝着高质量发展迈进［J］.中国社会工作，2021（20）：8-9+12.

［3］　左美云.智慧养老——内涵与模式［M］.北京：清华大学出版社，2018.

［4］　白玫，朱庆华.智慧养老现状分析及发展对策［J］.现代管理科学，2016（09）：63-65.

［5］　张丽，严晓萍.智慧养老服务供给与实现路径［J］.河北大学学报（哲学社会科学版），2019，44（04）：96-102.

［6］　张泉，李辉.从 "何以可能" 到 "何以可行" ——国外智慧养老研究进展与启示［J］.学习与实践，2019（02）：109-118.

［7］　黄意玲.古坑乡银发族结合穿戴式装置与个人健康记录对健康促进之效益［D］.中国台湾：国立云林科技大学，2018.

［8］　王政程.穿戴式无线生理传感器的设计与开发［D］.台中：朝阳科技大学，2013.

［9］　何灿群，谭晓磊.智慧养老背景下的老年人数字阅读界面设计研究综述［J］.包装工程，2020，41（20）：57-68.

［10］Zhang D, Kong W, Kasai R, et al. Development of a low-cost smart home system using wireless environmental monitoring sensors for functionally independent elderly people［A］. 2017 IEEE INTERNATIONAL CONFERENCE ONIEEE［C］. 2017: 153-158.

［11］Fritz RL, Wilson M, Dermody G, et al. Automated Smart Home Assessment to Support Pain Management: Multiple Methods Analysis［J］. Journal of medical internet research, 2020, 22 (11).

［12］Muheidat F, Tawalbeh LA. In-Home Floor Based Sensor System-Smart Carpet-to Facilitate Healthy Aging in Place［A］. IEEE ACCESS［C］. 2020:178627-178638.

［13］李飞飞. AI-ASSISTED IN-HOME ELDERLY CARE AMID COVID-19 PANDEMIC［EB/OL］. https://zhuanlan.zhihu.com/p/126534406.

［14］Camp N, Lewis M,Hunter K, et al. Technology Used to Recognize Activities of

Daily Living in Community-Dwelling Older Adults [J]. International Journal of Environmental Research and Public Health, 2021, 18 (1).

[15] 朱彦，于忠海，王廷军，等. 护理机器人的工业设计 [J]. 机械设计，2010，27（10）：1-4.

[16] 郭星，王小平，吴通，等. 基于消费者感性需求的产品材质意象评价方法 [J]. 现代制造工程，2014（1）：29-32.

[17] 孟瑞，王小平，王伟伟，等. 基于感性工学的油罐车设计评价研究 [J]. 现代制造工程，2011（9）：28-32.

[18] 杜鹤民. 基于感性意象和QDF的应急通信车设计研究 [J]. 制造业自动化，2013（3）：137-143.

[19] 罗仕鉴，潘云鹤. 产品设计中的感性意象理论、技术与应用研究进展 [J]. 机械工程学报，2007（3）：8-13.

[20] 李月恩，王震亚，李大可. 感性工程学理论研究及产品开发应用 [J]. 武汉理工大学学报，2010（6）：168-172.

[21] You L. Motta G. Liu K et al. CITY FEED: A Pilot System of Citizen-Sourcing for City Issue Management [J]. ACM Transactions on Intelligent Systems and Technology, 2016, 7 (4): 53.

第六章

智慧骑行

——智慧景区共享电车
产品服务系统设计

2021年，文化和旅游部出台了《"十四五"文化和旅游科技创新规划》文件，为我国智慧旅游的发展指明了方向。历经40多年的发展，旅游业已经一跃成为中国的支柱产业。当前，物联网、云计算、大数据等新一代人工智能技术的推进，使得文化和旅游业的跨界合作特点更加明显。另一方面，目前我国文化和旅游科技整体创新体系不够完善，相关研究工作薄弱，影响了科技在文化和旅游发展中支撑作用的发挥。旅游是我国民众日常生活中不可缺少的消费行为，人们越来越重视在旅游过程中自己所能获得的服务品质和游览体验。伴随着人工智能技术日益渗透社会生活的各个领域，旅游业也在积极探索并努力向智慧旅游服务转型。亟待变革文化和旅游发展方式，通过科技促进文化和旅游服务方式、体验方式与管理模式的创新，全面优化用户在旅游过程中的消费体验。具体实施可通过开展人工智能、用户体验等科学技术在文化和旅游领域中的创新应用研究，研发人机交互、混合现实等应用技术，开展大数据应用的算法模型、隐私安全、社会伦理等基础性研究，研发大数据、人工智能辅助文化和旅游统计及数据分析的新方法和系统工具。

6.1 智慧景区与产品服务系统设计

6.1.1 人工智能助力智慧景区发展

智慧景区是一种可持续的发展模式，通过人工智能、物联网和云数据管理技术的应用[1]，打造高度智能化的游览场所，实现旅游资源的优化配置。我国很多景区已经持续推进"智慧景区"的建设进程。例如，四川九寨沟是我国第一个"智慧景区"，应用了基于射频识别技术的"时空分流"导航模型和基于人脸识别技术的人流量视频分析系统进行景区管理。2019年，南京夫子庙景区在中国电信助力下架构"5G智慧旅游"综合管理平台，提升智慧管理和服务水平。智慧景区建设虽然取得了成绩，但仍存在一些问题，现有成果大多聚焦在运用新技术开发景区配套设施硬件，对于通过优化服务设计来提升用户游览体验的研究则很少。

6.1.2　智慧景区共享电车产品服务系统设计流程

智慧景区共享电车产品服务系统从宏观层面出发，将可见的产品实体与不可见的、以产品为核心的服务进行深度链接，针对产品服务系统中包含的产品及与其相关的战略、管理和使用流程等进行统筹设计与规划[2]。用户是旅游过程中的主体，良好的服务会给用户营造良好的旅游体验，提高用户的消费忠诚度，景区通过良好的服务设计也能创造更多的商业利益。因此，立足产品服务系统层面，为用户提供系统整合的旅游服务方案，是研究者和景区需要重点考虑的范畴。

产品服务系统设计流程如图6-1所示，在分析规划阶段，通过场景定义明确产品具体使用情境，在用户需求和行为特征分析的基础上建立目标用户角色模型，绘制用户旅程图梳理使用流程，识别设计机会点；在方案设计阶段，根据智慧景区共享电车产品服务系统设计策略展开实践，设计信息架构和产品服务系统模型，并以服务蓝图详细描绘共享电车产品服务系统与流程；在原型设计阶段，围绕共享电车产品设计、智慧景区信息管理平台设计、管理员和用户App设计展开；在设计评估阶段，对产品服务系统进行了可用性测试。

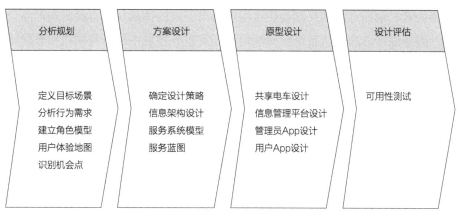

分析规划	方案设计	原型设计	设计评估
定义目标场景 分析行为需求 建立角色模型 用户体验地图 识别机会点	确定设计策略 信息架构设计 服务系统模型 服务蓝图	共享电车设计 信息管理平台设计 管理员App设计 用户App设计	可用性测试

图6-1　智慧景区共享电车产品服务系统设计流程

6.2　现状分析与规划

6.2.1　景区共享车租赁服务

共享出行方式能有效解决景区面积大、徒步时间长的痛点。目前大部分景区提供租赁的共享车主要有单车和电车两种形式。共享单车需要人力骑行，仅适合爱运动、体力好的年轻人使用；共享电车有自主动力，比共享单车的适应面广、包容性强。在亲子游、家庭游成为旅游主力军的情势下，共享电车的应用和推广更具商业价值，能为包括老年人、儿童、孕妇和残障人士等弱势群体在内的所有用户提供轻松便捷的景区出行服务。

传统产品设计过程仅研究用户与产品之间的关系，与产品联结的各种商业活动要素日益变得错综复杂，这种单纯点对点的设计方法已经难以有效处理产品与系统的关系。刘洋[3]等人运用服务设计工具对社会共享单车系统的使用问题进行了梳理；丛纬天[4]探讨了共享汽车在人工智能介入下服务体验层和系统层的设计策略；林振新[5]对智能共享汽车的外观与内饰设计进行了研究，这些成果对于如何设计社会共享模式下交通出行工具的服务系统做出了有益探索。智慧景区是在物理环境层面相对封闭的系统，这种特定环境中的共享电车在履行共享租赁服务的过程中，依托于景区的商业活动，存在游客、景区管理方、景区入驻商家、旅游行政管理机构等多个不同的利益相关者，他们之间的互动会使得用户输出不同的体验从而直接影响产品设计。服务设计方法能从系统层面规划和开发服务领域中的所有物质和非物质要素，最终创造服务价值和提高用户体验度[6]。

6.2.2　用户研究

用户是产品服务系统的核心[7]，产品服务系统的运转始于用户并终于用户，分析用户是研究的首要任务。智慧景区环境中的游客，其游览需求发生了根本性变化，从"单纯的游览观景"转变为"以观景为核心，集游览、出行、餐饮、购物于一体的全方位深度体验"。广东东莞香市动物园是课题组研发的产品服务系统拟运行的第一家景区，研究人员对该景区内游玩的15名游客进行了深度访谈。根据访谈结果整理得到用户特征与需求分析，见表6-1。用户类型分为悠闲自在型、深度攻略型和好奇探索型，分别对他们的游览目标、游览时间规划、在游览全过程中的需求和行为特征做了详细梳理。悠闲自在型用户比较随性洒脱，在旅游过程中并没有非常明确的目标，"走到哪，看到哪"，重视通过旅游增进自己与亲友之间的情感互动；深度攻略型用户做任何事情都会制定详细计划，对时间有严格的把控，期待旅游过程中能收获更多有用的知识和体验；好奇探索型用户对于新奇事物的接受度很高，在游览过程中乐于探索一些自己未知的新景点和新路线，可能会改变原有的游览计划。

表6-1　用户特征与需求分析

用户类型		悠闲自在型	深度攻略型	好奇探索型
游览目标		无明确游览目标	有明确的游览目标，有主见和经验	有一定的游览目标，但又不局限于此
游览时间		有大致规划的时间段	有明确限定的时间点	有大致规划的时间段
游览全过程	游览前	希望游览能放松心情、增强情感，不会特别去了解他人攻略	研究他人攻略，制定游玩计划，规划行程路线、预算经费、打印游玩时间表、获取热门景点快速通行证	了解他人攻略，作为自己出游的参考
	游览中	到此一游，"打卡"拍照	严格按照制定的计划游玩，希望在旅程中收获有用的知识、经历或体验	在游玩的过程中会被新鲜有趣的事物吸引，愿意探索新的路线
	游览后	按照原来的节奏去工作、学习和生活	详细撰写并用自媒体分享心得，评价旅程中的服务质量，制定下一次游玩计划	照常工作、学习和生活，会与人分享自己的游览体验

通过对这3类用户需求和行为特征的归纳与分析，将深度攻略型用户确定为智慧景区共享电车产品服务系统的目标用户，并建立了目标用户角色画像，见图6-2，以便能精准把握访谈关键数据信息，有效帮助后续的决策与方案设计。

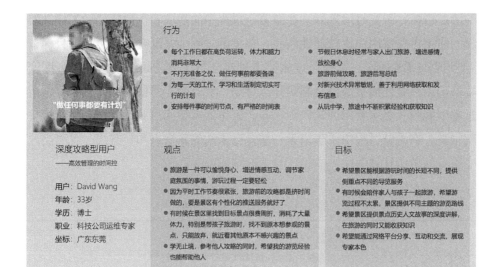

行为

- 每个工作日都在高负荷运转,体力和脑力消耗非常大
- 不打无准备之仗,做任何事都要备课
- 为每一天的工作、学习和生活制定切实可行的计划
- 安排每件事的时间节点,有严格的时间表

- 节假日休息时经常与家人出门旅游,增进感情,放松身心
- 旅游前做攻略,旅游后写总结
- 对新兴技术异常敏锐,善于利用网络获取和发布信息
- 从玩中学,旅途中不断积累经验和获取知识

"做任何事都要有计划"

深度攻略型用户
——高效管理的时间控

用户:David Wang
年龄:33岁
学历:博士
职业:科技公司运维专家
坐标:广东东莞

观点

- 旅游是一件可以愉悦身心、增进情感互动、调节家庭氛围的事情,游玩过程一定要轻松
- 因为平时工作非常紧张,旅游的攻略都是挤时间做的,要是景区有个性化的推送服务就好了
- 有时候在景区里找到目标景点很费周折,消耗了大量体力,特别是带孩子旅游时,找不到原本想参观的景点,只能放弃,就近看着其他原本不感兴趣的景点
- 学无止境,参考他人攻略的同时,希望我的游览经验也能帮助他人

目标

- 希望景区能根据游玩时间的长短不同,提供侧重点不同的导览服务
- 有时候会陪伴家人与孩子一起旅游,希望游览过程不太累,景区提供不同主题的游览路线
- 希望景区提供景点历史人文故事的深度讲解,在旅游的同时又能收获知识
- 希望能通过网络平台分享、互动和交流,展现专家本色

图6-2　目标用户角色画像

在研究分析阶段,模拟用户视角绘制用户旅程图能充分挖掘潜在需求,梳理具体使用流程,展示处于服务系统中的各个要素之间的关系[8]。从智慧景区服务的宏观层面入手,架构典型目标用户的使用场景,分析用户在游览中使用共享电车租赁服务的满意度变化,及用户与不同服务触点之间的互动行为,挖掘使用过程中的痛点。智慧景区共享电车产品服务系统使用流程的用户旅程图见图6-3。在服务前,用户希望通过旅游最终能获得良好的体验,然而,由于不了解将要去的旅游景点现状,可能无法预估游览时间、规划游览路线,即使做了攻略也无法判断自己制定的计划是否适合景区现实情境和实际游览需求。在服务中,用户选择共享电车是为了能获得舒适、便捷的景区内交通出行服务,对交互体验产生作用的触点,包括手机、服务商App、共享电车及其使用环境。主要的痛点有地图定位不准找不到车、找到车后无法解锁、驾驶过程中使用共享电车遇到种种不便、无法准确找到自己想游览的景点、不能快速找到充电桩续航、无法顺利完成还车等。在服务后,用户希望能及时查询到消费明细、向客服系统反映车况以及反馈使用评价。用户使用共享电车流程的可视化分析为下一阶段解决问题、提升服务提供了有力支撑。

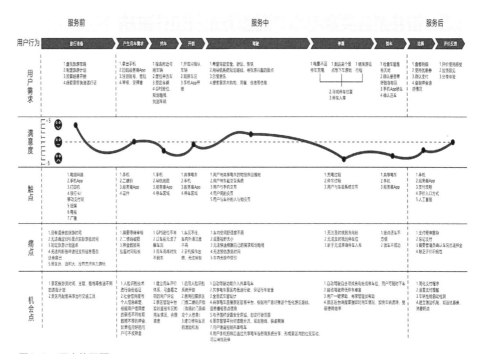

图6-3　用户旅程图

6.2.3　局限性与机会点

　　建立在用户旅程图基础上的触点与痛点分析能发现景区现有共享电车的产品服务系统局限性，并归纳出设计机会点。首先，车辆的共享率不高，很多用户产生用车需求时在附近没有车，需要步行很远才能到达共享服务点，在某些服务点又停放了很多闲置车无人使用。智慧景区管理方可以通过采集共享电车的行驶路线信息进行计算分析，实时调配车辆并精准投放资源。其次，注册登录过程冗长烦琐，用户使用共享租赁服务需要经历较长时间的等待审核，若通过大数据绑定用户身份和社会征信体系可以简化、加快验证过程，运用人脸识别系统甚至可以省略注册操作。再次，现有的共享服务主要聚焦在用车前和还车后，在用车中系统对用户服务的点很少，智能化车载系统能充分发挥用车过程中共享电车主动服务用户的特点。最后，用户无法及时评价服务并得到反馈，建立健全的评价体系和使用激励机制可以增加用户黏度。

6.3 智慧景区共享电车产品服务系统设计策略

智慧景区的建设与互联网大数据紧密相关，服务设计以用户体验为中心，制定共享电车产品服务系统的设计策略应该充分重视用户与产品、系统之间的价值互动。

6.3.1 解决方案升级迭代

产品服务系统设计是有形的产品与无形的服务之间的交互融合，解决方案的多样性是其重要特点[9]。由于实际使用场所和情境的不同导致设计过程中需要持续改进和升级迭代。根据景区的具体设施与环境，针对共享电车产品、服务App小程序等原型做了因地制宜的升级迭代设计，例如配合不同景区主题元素的共享电车产品造型设计、不同景区内导览地图信息设计等。

6.3.2 提供个性化定制服务

当今，用户需求越来越呈现出多元化的发展趋势。在智慧景区，用户使用的不单是共享电车，还包括整个出行服务系统，每位用户会根据自己的游览需求向共享电车提出个性化服务诉求。用户的消费偏好、行为习惯在他们使用互联网时形成规模化趋势，人工智能技术利用云平台对数据进行学习和分析，准确分析用户需求，共享电车产品服务系统在被授权后能读取数据库里的用户信息，根据用户的年龄、性别、爱好等向用户精确推送个性化定制服务。

6.3.3 建构运营管理系统

建构基于大数据的智能运营管理系统，对共享电车及相关实体与非实体要素进行统筹规划、设计、调配和维护，计算景区客流量，实时规划交通路线，监控共享电车运行状况并处理紧急事件，搭建景区内社交娱乐属性社群，完善用户反馈和评价渠道，通过共享电车使用全过程的数据管理及时掌握用户的满意度变化，提高用户游览体验，增强用户黏度，提升景区服务品质和价值。

6.3.4 绑定用户征信体系

大数据时代中，用户的征信数据涉及支付、出行、住宿、公益等多种场景，如芝麻信用通过对海量信息数据的综合处理和评估，从信用历史、行为偏好、履约能力、身份特质、人脉关系等维度全面描绘用户的信用状况。将共享电车租赁服务的使用全过程与用户征信体系绑定，用户租车时，信用度高则享受免收押金的权利，可以解决押金的安全问题；用户还车后，景区管理员验车审核，通过信用分奖励、优惠券、红包、积分等机制激励和规范用户的使用行为，形成对共享电车产品服务系统使用过程的柔性管理。

6.4 智慧景区共享电车产品服务系统方案设计

6.4.1 产品服务系统信息架构

智慧景区共享电车的产品服务系统信息架构见图6-4，包括感知层、互联层、计算层和应用层，它们之间发生交互作用，向景区游客提供景区内游览、出行、餐饮、购物等服务，以及支持相关管理部门进行运营、维护等日常管理操作。在感知层，共享电车利用自身配备的GPS系统、传感器和摄像头去采集景区内道路、交通、环境、行人等信息；在互联层，有线和无线网络把采集到的信息传输，具备访问互联网功能的共享电车与云平台、智慧景

图6-4 产品服务系统信息架构

区信息管理平台发生交互；在计算层，云平台数据深度学习，实现集成、分析、整合、分配和预警，为应用层的共享电车平台、智慧景区信息管理平台、移动端App提供支持信息，满足各方的服务和管理需求。

6.4.2　产品服务系统模型

为用户创造服务价值是架构服务系统的目标，以提升用户在景区内的出行和观览体验为核心，以用户的实际需求为导向，建立如图6-5所示的智慧

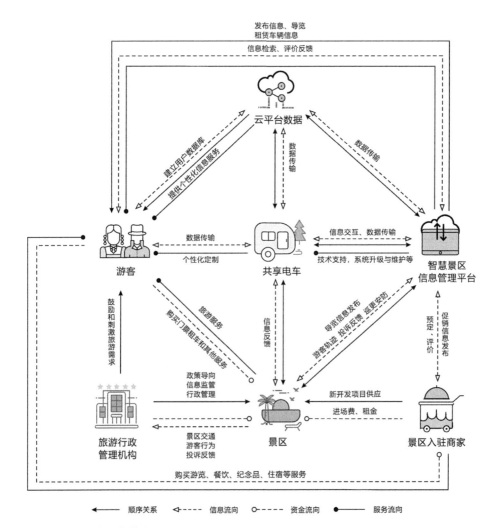

图6-5　产品服务系统模型

景区共享电车产品服务系统模型。主要构成要素包括旅游行政管理机构、景区、景区入驻商家、游客、共享电车、云平台和智慧景区信息管理平台。旅游行政管理机构对景区起到政策导向、信息监管和行政管理的作用，景区管理方也会将景区运营的相关情况与数据反馈给旅游行政管理机构。景区主要向游客提供旅游服务，游客在景区内进行以游览、观景为核心的全方位消费体验。景区入驻商家如旅游衍生品商店、超市、餐厅、酒店、游乐设施等是向游客提供商品和服务的实体。共享电车提供给游客共享出行的租赁服务，为他们创造全新的乘坐体验。智慧景区信息管理平台与大数据云平台进行数据交互，并反馈给共享电车，为游客提供景区导览、路线规划、个性化定制等服务，如可以根据用户爱好、游览时长向用户推送不同的观览套餐计划，用户选择适合自己需求的计划，共享电车执行任务带领用户完成景区游览全程。

6.4.3　服务蓝图

基于产品服务系统模型的构建，进一步绘制如图6-6所示的服务蓝图，

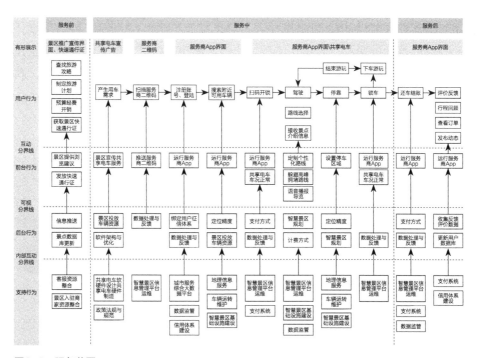

图6-6　服务蓝图

展示产品服务系统的可视化结果，重点关注服务流程，包括智慧景区前台、后台服务提供的互动行为以及支持行为，以便为原型设计阶段共享电车功能规划和信息管理平台及App架构设计提供支撑。

6.5　智慧景区共享电车的产品服务系统原型设计

在智慧景区环境中的共享出行工具，不只是单纯的电车实体，而是用户、共享电车、景区环境和基础设施等要素组成的一个景区内游览交通体系，设计需要统筹考虑这些要素之间的互联关系。

6.5.1　共享电车设计

不同的使用过程和实际场景可以产生不同的产品原型与服务融合方案。课题组在设计共享电车时，根据不同景区的特色主题元素进行了造型迭代设计。东莞香市动物园是东莞市唯一的生态动物园，占地约460000m²，水面面积约13000m²。已经量产的香市动物园基础版共享电车见图6-7，在该景区第一期投放500台使用。共享电车的车载重量为150kg，顶棚可拆卸，车速在5~8km/h范围可调节，底盘壳体具备防水防撞功能，可更换充电电池安装在内，万向操纵杆让用户无需经过特别学习和训练便能轻松驾驶共享电车，刹车手柄和驻车刹为行车安全提供双重保障。用户使用智能手机扫码租车后

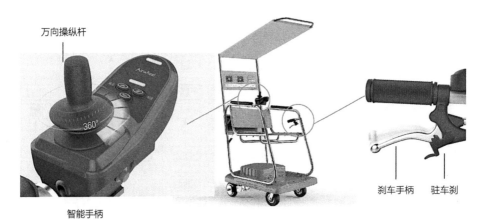

图6-7　香市动物园基础版共享电车

即可开始驾驶，智慧景区信息管理
平台在被授权情况下读取用户访问
互联网轨迹、购物记录、音乐分享
等信息，云平台计算分析后将数据
传输给具备远程通信能力的共享电
车，主动推送景点、衍生品商店、
超市、餐厅、酒店等信息供用户选
择，用户也可以通过语音交互方式
向车载系统发送自己的预期游览时
间、游览主题等，请求个性化定制
服务。共享电车通过每个景点时能
自动检测并语音播报景点信息、历
史背景、文化内涵等信息。在景区

图6-8　荷兰花海定制版共享电车方案

外围周边、危险水域和禁行区域都设置了电子围栏，共享电车触碰到围栏边
界时会启动刹车系统并自动停车。车辆出现异常或遇到紧急情况时，用户可
以通过智能手柄上的紧急制动按钮停车，并一键呼叫景区，管理人员会按照
车辆定位系统显示的信息快速到达现场提供帮助。

　　盐城荷兰花海定制版共享电车方案见图6-8。盐城荷兰花海是国家4A级
旅游景区，2018年曾被授予"世界郁金香最佳景区"称号。每年3—5月，
游客都能看到3000多亩郁金香盛开的美丽景色。定制版共享电车方案延续
了基础版产品的功能规划，造型设计与郁金香花海的景区氛围相呼应。当
人工智能技术介入后，共享电车可以突破传统的运输载体范畴，在操作界
面、车内空间、交互方式上进行大胆创新设计。需要租车时，用户使用车载
人脸识别系统即可完成身份验证并与支付账户绑定，进一步简化操作使用
流程。

6.5.2　智慧景区信息管理平台设计

　　共享电车在前台为用户提供服务，智慧景区信息管理平台在后台履行监
控、管理、维护的职责，保障整个产品服务系统得以顺利运转。智慧景区信
息管理平台功能架构设计见图6-9。

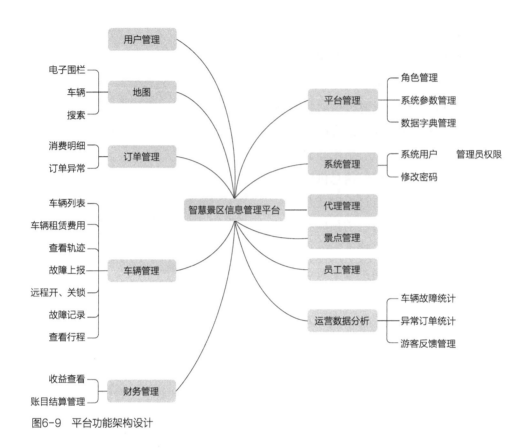

图6-9　平台功能架构设计

当系统初次在景区使用时，需要输入景区地图和景点信息，划定共享电车可行驶范围，在安全区域设置电子围栏。不同的共享电车通过网络共享和路线规划功能建立景区内共享电车的行驶路线模型，随着使用次数的增加和系统中参与的车辆数量增加，可供机器深度学习的模型也会更加精确。信息管理平台可以根据实时路况合理调度车辆，既有效避免了景区内的交通拥堵，又提高了共享电车的出行效率。此外，用户的行为偏好、消费习惯、游览轨迹等数据都存储在互联网上，智慧景区管理方可以根据这些数据预测景区内人流量、规划路线并监控共享电车的行驶，以便能及时发现、处理突发情况。该平台使用过程中的车辆管理页面见图6-10，管理方可以查看车辆行驶路线轨迹，随时掌握车辆状况；可以远程控制车辆进行开关锁操作，作为现场开关锁出现故障时的应对措施；通过车辆是否"在线"的状态显示，能了解景区内所有车辆的租用情况；还能实时监控车辆的剩余电量等。

查看景区内所有车辆的行驶轨迹，
了解车辆实时状况

后台可以远程开头锁，
及时解决现场开关锁的故障

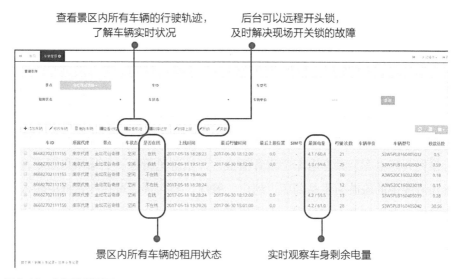

景区内所有车辆的租用状态

实时观察车身剩余电量

图6-10　车辆管理页面

6.5.3　景区管理员App设计

智慧景区信息管理平台给景区管理员配置了管理员App，见图6–11。管理员在景区巡更时能在App上看到共享电车的实时位置及明细，用户发现车辆故障报警后，管理员会及时赶到现场核实，并将相关信息录入系统，通知维修人员进行维护。若遇到景区内部分道路维护、场馆设施翻新等临时情况，管理员可通过设置修改景区内电子围栏的安全区域以及还车位置等，实现对共享电车可行驶范围的动态调整。

1.管理员主界面	2.管理员菜单	3.景区管理员查看车辆明细	4.用户发现故障，由管理员核实并上报故障信息，录入后台故障列表，及时通知维修人员维修	5.电子围栏设置安全区域	6.管理员可以随时设置还车位置及修改

图6-11　管理员App

6.5.4　用户App设计

用户App见图6-12。租车时用户扫描服务商二维码，输入手机号即可完成注册。在景区地图上查看附近可用车辆，完成扫码租车后可根据自己的行程计划时间选择个性化定制路线，点击某一条路线后，能预览该路线中包含的各个景点，如果符合预期，点击"开始"按钮则可以进行导航，信息同步传输到共享电车，共享电车会语音播报，开始游览行程。如果用户需要查找行程沿线中的旅游衍生品商店、超市、餐厅、酒店等，可在搜索框中输入，相关地点会以列表方式呈现，点击感兴趣的目的地会显示具体信息。用户结束游览后，在"我的行程"中查看游玩过的行程信息，包括沿途经过的所有景点的图文介绍等，能帮助用户延续游览体验、加深回忆、学习知识。用户在"我的分享"里与朋友分享旅游攻略、游玩照片，形成社区互动。

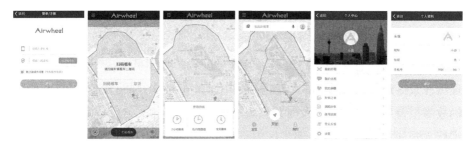

图6-12　用户App

6.6　设计评估

从香市动物园智慧景区信息管理平台中导出的游客管理数据见图6-13，显示从2017年运行至今，有多位用户曾多次使用共享电车产品服务系统在景区里游览；在使用高峰时段，系统的并行用户数达到300余人。

为了进一步评估游客使用共享电车产品服务系统的效果，课题组对系统进行可用性测评，在香市动物园进行的测评场景见图6-14。研究人员制定可用性测试任务见表6-2，被测用户使用共享电车产品系统在景区游览，完成所有测试任务后回答表6-3所示的SUS量表问卷[10]。共测试了20名用户，

图6-13　游客管理数据

图6-14　测评场景

表6-2　可用性测试任务

序号	测试任务
1	手机扫描服务商二维码，完成用户注册
2	扫码租车
3	在App上选择目标游览路线，开始驾驶
4	途中使用App搜索指定的入驻商家，并按导航行驶到达目的地
5	使用语音交互导览获取景点信息
6	使用智能手柄上的紧急按钮呼叫管理员
7	使用App意见反馈功能进行服务评价
8	使用App分享功能交流心得

其中男性12人，女性8人，平均年龄为32.3岁，标准差8.07。对收回的问卷进行数据统计、分值转化，得到可用性测试得分，见表6-4。根据SUS分数的曲线分级范围可知，均值75.25处在评级B，可用性较好，反映了用户使用共享电车产品服务系统的体验良好。

表6-3　SUS量表

序号	问题	非常不同意（1分）	比较不同意（2分）	中立（3分）	比较同意（4分）	非常同意（5分）
1	我愿意使用这个系统					
2	我发现这个系统过于复杂					
3	我认为这个系统很容易使用					
4	我认为我需要专业人员的帮助才能使用这个系统					
5	我觉得这个系统各项功能整合得很好					
6	我认为这个系统存在很多不一致					
7	我觉得大部分人都能快速使用这个系统					
8	我认为这个系统使用起来非常麻烦					
9	使用时我很有信心					
10	在使用这个系统前我要学习很多知识					

表6-4　可用性测试得分

用户编号	SUS评分	用户编号	SUS评分
1	75	10	75
2	95	11	60
3	75	12	77.5
4	80	13	65
5	77.5	14	75
6	60	15	60
7	82.5	16	80
8	60	17	87.5
9	77.5	18	80

续表

用户编号	SUS评分	用户编号	SUS评分
19	82.5	20	80
		均值	75.25

6.7 结语

　　将人工智能、大数据、物联网等技术应用于共享电车的产品服务系统设计，符合智慧景区的现实发展趋势。智慧景区相对封闭的物理环境，决定了在其中使用的共享电车与社会共享模式下的产品有很大区别。本研究基于典型目标用户的需求和行为特征，进行触点分析与机会点挖掘，制定智慧景区共享电车产品服务系统的设计策略，设计信息架构，建立服务系统模型，绘制服务蓝图，提出共享电车产品服务系统的原型设计，并运用可用性测试对系统的用户体验进行评估，评估结果有助于指导系统的进一步升级迭代设计。本研究对智慧景区如何设计共享电车产品服务系统做出了有益指导，对其他服务场景下的共享电车设计也具有借鉴意义。

第六章注释

　　本章节内容已发表至《包装工程》，详见朱彦，定律. 智慧景区共享电车的产品服务系统设计［J］. 包装工程，2021，42（20）：167-177.

参考文献

［1］ 梁倩，张宏梅. 智慧景区发展状况研究综述［J］. 西安石油大学学报，2013，22（5）：52-56.

［2］ 罗仕鉴，邹文茵. 服务设计研究现状与进展［J］. 包装工程，2018，39（24）：43-53.

［3］ 刘洋，李克，任宏. 服务设计视角下的共享单车系统分析［J］. 包装工程，2017，38（10）：11-18.

［4］ 丛纬天. "享"应生态［D］. 北京：中央美术学院，2018.

［5］ 林振新. 基于智能驾驶背景的共享汽车设计造型语言的研究［D］. 重庆：四川美术学院，2019.

［6］ 罗仕鉴，胡一. 服务设计驱动下的模式创新［J］. 包装工程，2015，36（12）1-4.

［7］ 王国胜. 服务设计与创新［M］. 北京：中国建筑工业出版社，2015.

［8］ 吴春茂，陈磊，李沛. 共享产品服务设计中的用户体验地图模型研究［J］. 包装工程，2017，38（18）：62-66.

［9］ 张在房，于伟，刘园. 产品服务系统设计问题分析与研究进展［J］. 河北科技大学学报，2013，34（5）：381-385.

［10］Tom Tullis, Bill Albert. 用户体验度量［M］. 周荣刚，译. 北京：机械工业出版社，2018.

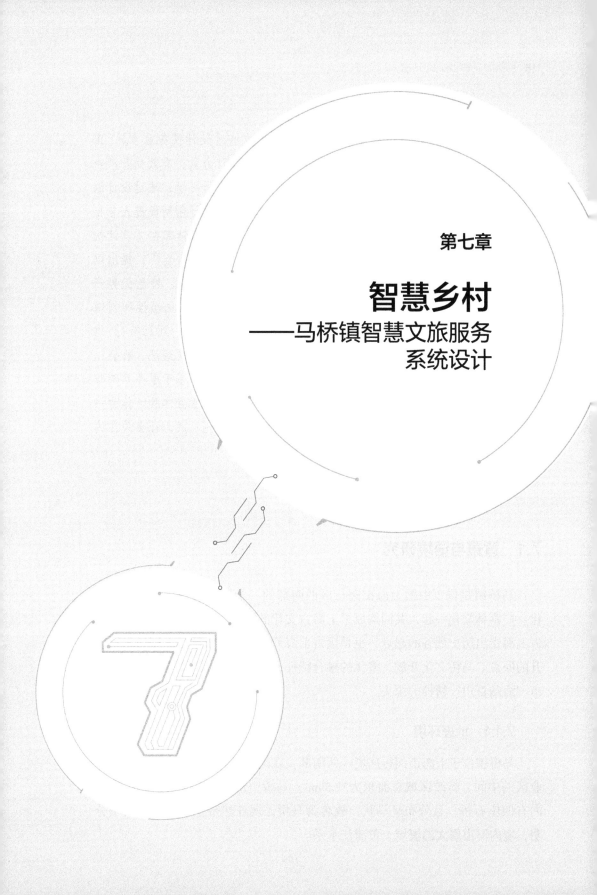

第七章

智慧乡村
——马桥镇智慧文旅服务系统设计

2018年4月，第二届世界工业设计大会期间发布《设计扶贫宣言》，正式提出充分运用和发挥独创、道德、情感、美学的设计力量，有效提升产业活力和生命价值；通过设计创新建设美丽乡村，改善人居环境；通过设计创新引导和培育区域特色产业，支持产业转型升级；通过设计创新促进人与自然和谐共生，营造可持续发展的自然环境。2018年9月，工信部在《设计扶贫三年行动计划（2018—2020年）》中首次提出设计扶贫的概念[1]，提出以产品品质提升、居民生活条件改善、乡村特色文化产业发展、特色优势产业升级为主攻方向，充分调动设计行业组织和企业积极性、主动性和创造性[2]。《设计扶贫宣言》与《设计扶贫三年行动计划（2018—2020年）》均要求通过设计创新营造可持续发展的人文生态与环境生态，在经济、社会、环境领域形成良性循环。服务设计方法从系统的角度出发，基于服务系统与服务模式规划，完善服务流程与服务触点设计，全面提升服务体验。作为一种可持续的社会创新方法，将服务设计融入乡村文旅研究正成为社会关注的热点[3]。

7.1　背景与语境研究

马桥镇是位于中国上海市闵行区西南部的一个镇。马桥文化与崧泽文化、广富林文化一起，共同构成了上海古文化的深厚底蕴。马桥文化既是远古上海走出历史低谷的起点，也是远古上海开始向近现代国际大城市攀缘上升的原点。马桥文化开放、多元的融合特征，在某种程度上成为现代上海城市"海纳百川"精神的源头。

7.1.1　地理环境

马桥镇位于上海市闵行区境内西南部，在闵行经济技术开发区和莘庄工业区的中间，行政区域总面积为37.5km^2。马桥镇最初兴起于清初，因为镇内有四座石桥，且分布呈马状，故名为马桥，属亚热带季风气候，四季分明，境内河道属太湖流域、黄浦江水系。

7.1.2　历史人文

马桥遗址位于马桥镇东俞塘村，呈南北长、东西窄的宽带形状，在1959年年底被发现，1960年开始发掘。马桥遗址中保存了大量不同历史时期的文化遗产，呈现出约150000m²的村落规模，形成考古学上著名的"马桥文化"[4]。1977年，马桥遗址被上海市政府公布为上海市古文化遗址保护地，2013年，被国务院公布为第七批全国重点文物保护单位[5]。以马桥遗址为代表的马桥文化，既有本地原有文化特征，又有来源于浙南闽北的肩头弄文化遗存，还有与黄河流域夏、商文化相互交流的物证[6]，充分凸显了上海文化海纳百川的精髓，也对上海的古代历史研究有重要意义。

1992年国务院建立新的闵行区，马桥镇借力改革东风迅速发展，历经三十多年的建设，已经形成了以生态休闲农业、先进制造业和现代服务业为核心的全新布局。马桥镇需要着力发挥区域中生态休闲、人工智能和历史文化等方面的叠加优势，不断努力持续构建多元化的旅游体验新平台，力争成为上海市闵行区乡村振兴的主战场、人工智能的新高地和民俗文化的新名片。

7.1.3　非遗项目

马桥手狮舞是上海闵行马桥的传统民俗舞蹈之一，2007年被列入《首批上海市非物质文化遗产名录》，2011年被列入《第三批国家级非物质文化遗产名录》，其经历了盛行、低迷、复兴和发展的过程。清代初期，手狮舞是元宵灯会、迎神赛会等民间节日的重要表演形式，并一直盛行持续到中华人民共和国成立前；中华人民共和国成立后，中国各地纷纷停办民俗活动，手狮舞渐渐趋于低迷；20世纪80年代后，手狮舞开始复兴并逐渐得到传承和发展。盛行于清朝初期的马桥手狮舞源于狮子灯，舞者一般会在拥挤的马桥老街上游走展示；清朝中期，又融入一些新艺术的元素，手狮舞慢慢成熟并推广开来；清朝晚期，作为人们祈福的方式，手狮舞得到进一步传承，为了适应老街狭窄的环境，还加入了"矮蹲步""贴身绕狮"等动作。云牌太狮舞是传统马桥手狮舞的延续，云牌上绘有白云的纹样图案，用来烘托太狮的表演；太狮则展现了狮子强壮的姿态和尊贵的地位，狮头上装饰有"万寿无疆"的物件。云牌太狮舞最早仅在清朝皇宫表演，后渐渐成为民间节庆时的一种表演形式[7]。综上所述，马桥手狮舞包含了一些重要的民俗元素：第一是道具编扎，融合了烦琐的材料加工和精湛的手工工艺；第二是舞蹈动作，体现了狮龙杂耍文化，既是喜庆吉祥的象征，又体现了中华民族的自信；第三是节庆文化，旧时的手狮舞表演一般会选择特定的节庆场景进行，如元宵灯会或庙会行街，这些场景是当时劳动人民生产和生活状态的集中反映，表现了很多民俗细节。马桥手狮舞集中体现了马桥镇的民间智慧和风土人情，作为一项历史上极具本土乡村气息的民俗活动，当今社会对马桥手狮舞的相关宣传资源却比较少，由政府出面组织的手狮舞培训相对集中在较小群体范围，并未普及到民众的日常生活中，导致马桥镇本地居民对其知晓度不高。另一方面，随着城市化建设的不断推进，马桥镇原有的农田都被现代化的高楼大厦所取代，老街古色古香的风貌已不复存在，使得手狮舞脱离了游走展示的实景场地，而演化为一种纯舞台形式的表演，最终失去了本土民俗所特有的韵味。因此，需要充分利用各种途径加强宣传和推广力度，在当代社会凸显马桥手狮舞的非遗文化育人价值，增强当代社会对优秀民俗文化的认知和传承。

7.2　问题与机遇分析

据统计，2018年全国乡村旅游收入突破8000亿元，乡村旅游占全国旅游总比例迅速增长，全力发展乡村旅游对于推动民俗文化传播、促进乡村可持续发展有重要意义。2020年1月《中共中央国务院关于抓好"三农"领域重点工作确保如期实现全面小康的意见》及2022年1月《"十四五"旅游业发展规划》等国务院重要文件中均指出，改善乡村公共文化服务、保护民间非遗文化项目以及促进文化与旅游深度融合是乡村振兴的重要途径。

7.2.1　马桥镇文旅产业的发展现状

马桥镇特有的自然人文景观和生活劳作场景，能让游客在旅游时感受与城市环境不同的优美乡村环境，满足游客短途一日游的度假需求。然而，在乡村振兴和旅游产业的发展中，仍然存在一些不容忽视的问题。一是对马桥镇现有的历史人文景观和非物质文化遗产挖掘不足，在旅游景区规划建设中没有充分推广和宣传当地非遗民俗，以及保护和传承马桥遗址文化，快速发展的城市化进程中涌现了大量的人工景观，导致马桥镇失去了原汁原味的文化历史内涵；二是未能充分借力马桥镇人工智能创新试验区的建设，在生产、生活和生态各领域与人工智能技术深度融合，互联网和文化创意产业成长缓慢、创意创新能力薄弱，对农业衍生品的开发不足，导致产品的附加值较低；三是偏重于经济效益的迅速提升，导致开发的旅游产品与项目特色不鲜明，当前马桥镇景区建设主要以满足游客物质层面的需求为主，对游客精神层面的需求还未引起足够重视。

7.2.2　马桥镇文旅产业的创新路径

马桥镇的城市化进程凸显了诸多积极意义：首先，城市化进程使社会出现了更多的工作岗位缺口，大量农村劳动力从第一、第二产业转向了服务业；其次，城市化增强了社会生产能力，进一步推动了工业的发展；再次，城市化使得数字化与信息化技术进一步普及，带动城市及其周边区域迅速成为科技创新高地；最后，城市化有利于缩小城乡差距和促进乡村开放，使得城市文化进一步渗透到乡村地域。然而，城市化的快速发展导致原有乡村空间的缩减和民众传统风俗的改变，也在一定程度上影响了马桥镇民俗风情和非遗文化的传承，使得其陷入日渐式微的境地。众多有志学者提出了自己的思考与建议，如宫敏燕（2010）认为城市化进程对非遗产生了"文化侵蚀"，树立非遗文化保护的理念很重要[8]，郭慧丽（2010）认为通过建立与非遗文化的情感链接可以增强民众对民俗活动与非遗文化的认知[9]，张军军（2011）认为可以将非遗文化传承融入旅游业发展，通过举办民俗活动让民众体验非遗文化[10]。中华优秀传统文化的传承与发展意义重大，非遗文化是普通民众长期实践的智慧结晶，让更多的民众去感受、认知和体验非遗文化可以丰富人民的精神需求。

在传统旅游中，人们关注的是吃饭、住宿、观景、购物等环节；随着自驾出行、乡村体验等旅游方式的兴起，人们更加重视在旅游全程中能感受到对自然景观和民俗文化的认知与回忆[11]，通过参观历史人物故居、参加当地民俗活动，可以获得文化层面的参与和体验感。因此，对传统文化进行创新性的继承与发展，架构传统文化与当代社会的情感链接，是马桥镇文旅产业发展的核心要素。基于上述分析，马桥镇文旅产业的创新发展路径可从以下几方面切入：首先，将马桥镇特色景点建设与非遗文化推广相结合，提炼景点特色文化与手狮舞元素符号开发相关文创产品，能有效传递马桥镇的民俗文化内涵，又能宣传和展示手狮舞的风采。其次，借力城市化中丰富的信息交流渠道，运用新媒体展示平台推广宣传马桥镇特色景点建设与非遗文化。如通过图片、视频、动漫或影视等形式展示各个景点的历史人文典故和手狮舞的兴盛发展传承，以手狮舞等民俗项目为原型开发基于移动端的马桥镇文旅服务应用软件。最后，利用数字媒体先进技术，创造马桥文化全景体验。搭建马桥文化数字平台，在马桥文化展示馆、马桥手狮舞等现有资源的基础上再次深度挖掘，通过智能技术建构"数字马桥"虚拟展示平台，呈现马桥地域文化特色及非遗文化，运用全景漫游方式让用户体验沉浸式的马桥非遗文化之旅。

7.3　马桥镇智慧文旅服务系统设计策略

7.3.1　马桥镇文旅趣味手游设计

马桥手狮舞的传统展示形式是节庆期间由舞狮者在街道里边游边走表演，随着城市的发展，村落的拆迁，手狮舞面临失传的危机，渐渐局限于在固定舞台表演，失去了原汁原味的纯正乡土气息。马桥镇文旅趣味手游设计意图以舞狮者游走表演的行经路线串起游客对马桥镇景点的清晰认知，总体设计思路是将马桥标志性景点设置在手狮舞的游走路线中，让用户在体验手游的过程中逐一了解景点背后的人文历史以及手狮舞非遗文化，激发进一步实地游览的愿望。

7.3.2　马桥镇文旅服务平台设计

近年来，马桥镇作为闵行区政府倾力打造的文旅小镇，以文化体验与智慧旅游为一大特色，在文旅服务平台架构中，旅行服务应具有相当高的权重比例[12]。可依靠互联网大数据技术加强平台的智能化建设，开发交互式、个性化的项目与产品，提高潜在用户的游玩兴趣，引导用户对小镇非遗文化的关注，宣传与推广马桥手狮舞和马桥标志性景点。对于小镇的原住居民而言，文旅业的发展会提供更多的就业岗位与创业机会，文旅服务平台建设可以融入这些需求。

7.3.3　服务系统核心视觉元素提炼点

马桥手狮舞非遗文化展示是马桥镇智慧文旅服务系统的核心要旨，有必要对手狮舞道具、舞狮者服饰以及动作特点做系统梳理，以便为趣味手游和服务平台的核心视觉元素设计确定关键提炼点。

道具：道具手狮由当地艺人纯手工制作，分为大手狮、中手狮和小手狮，制作材料通常为竹子、麻、花纸和丝绸等，狮头、狮尾分别被固定在两根直径为4～5厘米的竹柄上。狮子的面部造型一般采用夸张设计手法，强调凹面、凸额、圆眼和大嘴，以塑造"狮子大开口、凹面冲额角"的生动形象。

服饰：舞狮者的服饰装扮一般是头戴布头巾，身着对襟衣衫，外套一件马甲，腿穿灯笼裤，用扎条绑紧裤脚，腰间系彩带。

动作：旧时手狮舞主要以行街即兴表演为主。自20世纪80年代起，手狮舞表演逐步融合了舞龙的翻、滚、跌、扑等基本技巧，在表演风格上既粗犷又细腻动人，具有独特的海派风格。根据动作套路的划分，手狮舞分为文狮、武狮和看狮三种。文狮温顺可爱，适合行街表演；武狮勇猛威武，适合广场表演，以腾、翻、跌、滚、扑等大幅度动作为主；看狮朴实稳健，往往和云牌相伴表演，即云牌太狮舞。

7.4　马桥镇文旅趣味手游设计研究

相对于网游而言，趣味手游简单且容易上手，游戏者在娱乐时无需花费较长时间和较多精力[13]。设计者可以预先设置特定的逻辑或原理，让游戏者在较短的时间内通过游戏完成既定目标，达到休闲或益智的效果。趣味手游设计一般需要明确游戏目标、游戏规则以及反馈机制，具体是指设定游戏者经过特定的游戏历程后最终达成何种结果、游戏者需要遵循何种操作法则以及通过何种形式让游戏者了解游戏进程。马桥镇文旅趣味手游设计研究按照确定目标用户、分析用户使用过程、手游整体框架设计、手游界面视觉设计等几个步骤逐一展开。

7.4.1 目标用户画像

本研究针对352位喜欢手游的游戏者展开问卷调研，发现仅有6.5%的人了解手狮舞相关知识，在大部分不了解的人当中，更多游戏者愿意通过体验角色扮演类手游这种轻松休闲的途径去学习马桥手狮舞非遗文化。因此，经过前期分析，归纳目标用户人群主要有三类典型代表：一是在读大学生；二是注重育儿质量的年轻妈妈；三是喜爱旅游探索传统文化的职场白领。他们往往会利用日常生活中的碎片时间去玩手游，既能放松身心，也能学习传统文化。如图7-1所示为目标用户画像。

Louise
剧情即正义
在校大学生 / 女 / 20岁
倾向于可爱、精美画面的手游；
日均手机游戏使用时间1~2小时；
喜欢休闲科普类游戏，注重其趣味性。

Emma
学乐聚答
宝妈 / 女 / 30岁
日常照顾小孩，周末时常带小孩游玩；
喜欢家长可以向小朋友讲故事的科普类小游戏，并和小孩互动完成，享受亲子时光；
注重其科普内容的准确性、生动性；日均游戏时间不超过半小时。

Keanu
传统文化探索者
白领 / 男 / 26岁
空余时间倾向于轻松休闲类手游的打工人；
对于传统文化有一定的兴趣；
爱好旅游并收藏当地特色传统工艺品；
日均手游时间超过半小时。

图7-1　目标用户画像

7.4.2 用户旅程图

如图7-2所示为模拟用户视角绘制的用户旅程图，充分挖掘游戏者在使用手游过程中面对不同的交互所做出的反馈行为及潜在需求，分析同时还发现，手游设计若能让游戏者产生强烈的兴趣，就会激发其到马桥镇进一步实地游览的愿望。

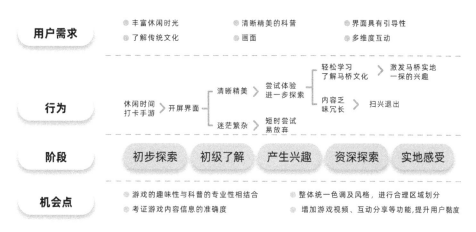

图7-2　用户旅程图

7.4.3　手游规则说明

（1）游戏者可在虚拟场景中探索马桥镇代表性景点与手狮舞文化风采。

（2）游戏者可以选择不同景点，每一个景点的拼图碎片需游戏者将其放入正确的位置。

（3）当游戏者进行某个景点拼图时，手游配有语音讲解此景点的人文历史内涵。

（4）当游戏者成功完成某个景点的拼图后，可获得成长经验值及马桥景点留念虚拟徽章。

（5）游戏者可选择难度级别，难度越高的级别拼图碎片越多。

每一个关卡游戏时间无限制，中途退出游戏后可存储当前游戏进度。

7.4.4　文旅趣味手游核心视觉元素设计

如图7-3所示为根据手狮舞道具特色设计的文狮和武狮视觉形象。文狮名"弘"，取其主色调色彩为"红"的谐音，寓意恢宏壮大、光彩夺目，主要刻画狮子温驯可爱的神态。武狮名"岚"和"卿"，分别取二者主色调色彩为"蓝"和"青"的谐音，寓意超脱凡俗、机灵友善，主要刻画狮子威武、勇猛、矫健的特征。用户可根据个人喜好，选择不同的狮头进行角色设定。

文狮   武狮

图7-3   文狮和武狮视觉形象

　　根据弘狮造型并结合舞狮者的动作姿态，设计衍生出五款不同视觉形象，如图7-4所示，从左至右依次为起势、奋起、惊跃、过山、审视。为重点突出狮头形象，未绘制舞狮者的头部造型，以此表达手狮舞表演中人狮合一的高超境界。这些系列视觉形象可在手游中的各类引导界面进行展示。

　起势　　　　　奋起　　　　　惊跃　　　　　过山　　　　　审视

图7-4   视觉形象衍生

7.4.5   手游界面信息架构

　　如图7-5所示，马桥手狮舞手游界面信息架构层级较浅，有利于游戏者迅速掌握游戏基本规则。界面整体凸显扁平化设计风格，界面内容融合马桥镇代表性景点风光与手狮舞造型，逻辑清楚且信息呈现简洁。

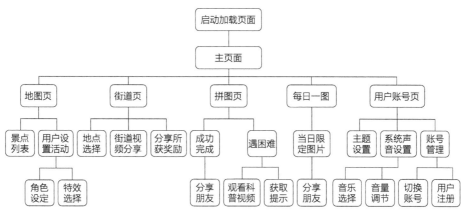

图7-5　界面信息架构

7.4.6　手游界面设计

（1）马桥镇景点地图：精心选择马桥镇极具特色的代表性景点绘制手游地图，如图7-6所示，六个景点作为拼图画面的主体。

图7-6　景点地图设计

景点主要包括：

荷巷桥：在马桥镇同心村有一个乡间集镇，当地人称之为荷巷桥，第一批被列入中国传统村落名录。

马桥文化遗址公园：位于闵行区马桥镇东俞塘村，2013年被国务院公布为第七批全国重点文物保护单位。

古藤园：坐落在上海成陆前的古海岸沙冈之上的一处古典园林建筑，原址曾是乡间集镇，因有明代嘉靖年间诗人童宜阳手植的古紫藤而得名，俗称"紫藤棚"。

马桥天主堂：位于闵行区马桥镇东街，2003年9月被列为闵行区文物保护单位。

上海韩湘水博园：闵行区马桥镇彭渡村为保护上海饮用取水口安全而建的一个水生态园林，为上海市郊区旅游重点项目，是上海难得一见的集齐水、桥、亭、台、楼、阁、树、花、草、木的古典园林。

水生园：2003年规划设计、开发，以生产水生植物种苗为主，并附有观赏、垂钓、水生植物研究和河泊生态修复系统科研等功能，2006年被闵行区科委列为科普教育基地。

（2）启动加载页面：其设计如图7-7所示，采用古朴浑厚的图形元素与色调，将弘狮形象展示在页面上方。

（3）主页面：如图7-8所示，主题重点与层级关系清楚，突出一级信息"开始游戏"和"地图"；二级信息是下方的功能按钮，包括"角色""登录""设置"。基本功能都在主界面上排布，层级关系清晰而简洁。以主页面为起点，通过点击各个功能按钮可以跳转到二级页面。

图7-7　启动加载页面

选择"GO"直接开始默认顺序拼图游戏
选择"地图"，自定义选择拼图样式

图7-8　主页面

（4）角色设定页面：如图7-9所示，游戏者可以选择自己喜爱的文狮或武狮视觉形象，每一款形象都配有特征突出的语音，如弘狮温柔、岚狮刚强、卿狮果敢等。

（5）拼图页面：其为马桥手狮舞手游的重点界面，如图7-10和图7-11所示，关键在于巧妙的玩法架构以及流畅的交互设计，这些是直接影响游戏者能否将游戏进行到底的关键因素。游戏模拟手狮舞行街表演的路线，游戏者可以自主选择景点地图或者按照游戏默认的地图路线逐一拼出景点，在点击拖曳每个地图版块时会有语音介绍该景点的历史人文知识，背景音乐设置为手狮舞表演伴奏曲，当完成拼图时会有完成速度提示，并且系统语音提示"恭喜你陪伴弘狮走完此处景点，我们继续下一段旅程吧"！

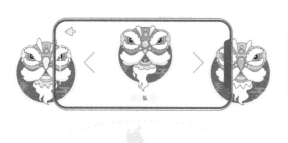

图7-9　角色设定页面　　　　　　　　　　　　图7-10　拼图页面1

图7-11　拼图页面2

7.5　马桥镇文旅服务平台设计

传统景点的旅游服务主要面向游客，服务系统以能够支撑游客的餐饮、住宿、观景等游览行为为核心要务。对历史文化小镇而言，其除了是面向游客开放的游览景点，也是地方政府宣传与推广小镇历史文化的空间载体，更是小镇原住居民创新创业的平台，这些都是马桥镇文旅服务系统的重要内容。

7.5.1　目标用户研究

如图7-12所示是马桥镇文旅服务平台系统用户分析。本研究中服务系统涉及的用户主要包括小镇游客、原住居民和管理者。小镇游客是系统前端用户，他们对马桥文化感兴趣并实地游览观景，主要使用服务平台中的相关旅行服务；原住居民是系统后端用户，他们长期定居在马桥镇，通过政府扶持和自力更生获得创新创业的机会，设计、生产并通过服务平台售卖马桥镇特色文创产品，还可以通过服务平台为游客提供餐饮、住宿、景点导览等服务；管理者包括地方政府与系统运营人员，地方政府发布指导性政策，系统运营人员进行系统后台维护。

文旅服务系统设计最重要的是需要基于游客视角深入挖掘用户需求。本研究通过半结构化访谈与21位20～30岁的用户进行了深入沟通，通过线上和线下两种方式发放200份问卷，整理后保留了185份有效作答问卷。对问卷进行数据统计后总结归纳出：用户大致分为拍照打卡型、资深研究型和随机体验型三种。拍照打卡型用户一般较关注网红热门景点，对景点背后的历史人

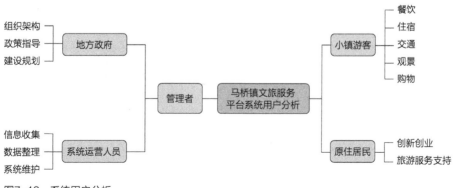

图7-12　系统用户分析

个人简介

ZhuYunlong（朱云龙）是一个在职场摸爬滚打的白领青年，职场的方方面面令他身心疲惫。长期的职场生活令他做任何事都需要提前有充足的计划与准备。周末会进行各类娱乐活动来放松上班所带来的疲劳，极其热爱旅游，节假日会选择文化景点来开阔自己的视野。希望能够在游玩的过程中有所收获。

用户需求　　　　　　　　　性格

希望App能够协助用户完成旅行计划　　　内向 ——■——— 外向
希望能在景点中有所收获　　　　　　　　感性 ———■—— 理性
希望App中能够看到别人对于景点的　　　好学 —■——— 好玩
评级以做筛选

当前痛点

想去上海马桥的特色景点，网上关于马桥的介绍少之又少
有很多景点都想去，无法合理规划
时间不足，希望一天中尽可能游玩更多景点

关键机会点　　　时间　　计划　　知识

年龄:	25
工作:	白领
学历:	本科
坐标:	上海

图7-13　目标用户画像

文内涵没有太多的关注兴趣，满足于到此一游即可；资深研究型用户对游览有非常明确的文化体验获得目标，渴望深度学习景点的历史文化，对游览时间、路线等都有非常明确的规划；随机体验型用户没有严格的时间限制，喜欢尝试和体验行程中未知的小确幸，对景点历史文化内涵持一种开放的态度，愿意学习接受新鲜事物。经过上述分析与归纳，为本系统的目标用户精准绘制了用户画像，如图7-13所示。

7.5.2　用户旅程图

如图7-14所示是以系统前端用户——小镇游客视角绘制的用户旅程图。将游客的行程分为游前、游时与游后三个阶段。针对不同阶段的游客需求，服务系统设计也需要突出各阶段的目标，游前可以通过智能行程规划为用户提供精准的游览计划；游时通过对景点人流的实时监控即时调整规划合理路线，根据用户偏好实时推送景点实景导览和语音讲解服务；游后通过分享、点评、建议等通道帮助用户进一步延长在旅游中收获的文化体验，扩大对小镇的宣传和推广。

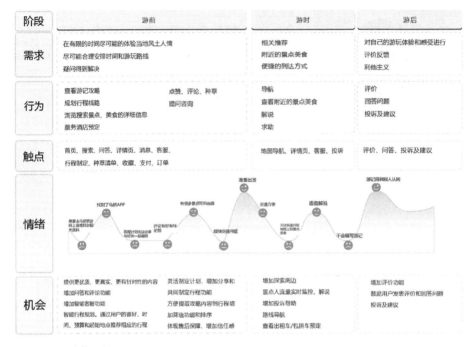

图7-14 用户旅程图

7.5.3 文旅服务平台核心视觉元素设计

根据前期分析，本研究提炼出三组设计方案。如图7-15所示为方案一，狮子主形象造型采用红绿对比色，狮子的眉梢和头顶有红球点缀，头顶中部有小尖角，面部有黄色纹路点缀，凸显神兽的威猛之感。舞者原型以可爱灵动的儿童形象呈现，上身穿带盘扣的红马褂，下身着白色阔腿裤，脚蹬黑色帆布鞋，双丸子头发型表现孩童的俏皮，张开且呐喊的嘴巴和粉色的腮红无不体现出舞狮时的激情与兴奋。舞狮的动作设计主要呈现"托狮观四门""盘头云狮""吉狮祝福""马步狮乐""单跪绕狮"五个动作。"托狮观四门"，舞者双手高举狮子，步伐稳重，辅助狮子在高处踏寻；"盘头云狮"，舞者交叉步伐，狮头向低，狮尾向高；"吉狮祝福"，舞者膝盖微曲，两手握杆，狮子正视观众，呈现恭贺祝福之态；"马步狮乐"，舞者以马步站立，将狮子高举过头部舞动；"单跪绕狮"，舞者单腿微跪，将狮子绕脖舞动，表现喜庆氛围。

图7-15　文旅服务平台核心视觉元素设计方案一

　　如图7-16所示为方案二，分别结合文狮、武狮和看狮的角色特征，设计了三款狮子造型，并以看狮和武狮为主体设计了五个动作姿态。

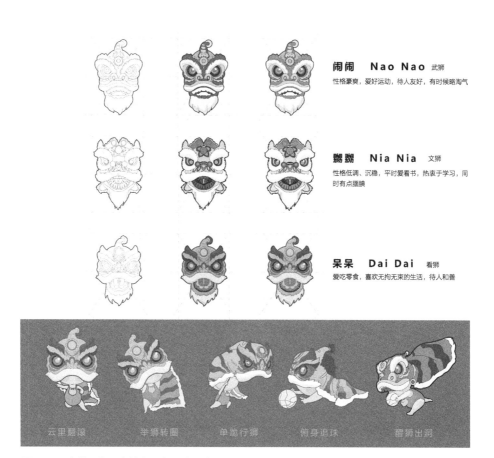

图7-16　文旅服务平台核心视觉元素设计方案二

如图7-17所示是方案三，将舞者头戴布头巾、身着红马褂、腰系黄丝带的形象展现得惟妙惟肖。

Wu Wu   Shi Shi

图7-17 文旅服务平台核心视觉元素设计方案三

7.5.4 文旅服务平台信息架构设计

以马桥手狮舞和马桥标志性景点为核心要素，设计马桥镇文旅服务平台，如图7-18所示为文旅服务平台信息架构。游客可以通过平台进行餐饮、住宿、交通、观景、购物等线

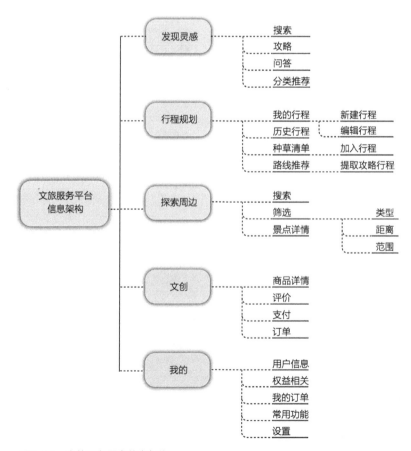

图7-18 文旅服务平台信息架构

上线下一系列旅游行为，包括在紧急状况下提供医疗服务向导等。具体而言，智慧文旅信息管理平台与大数据云平台进行数据交互，可根据游客日常喜好和个性特征为游客量身定制并分类推荐不同的游览攻略，游客也可以根据自己的游览时间、出游人数等规划不同的观览行程，在游览过程中，平台会根据游客实时路线不断推送周边景点的历史人文介绍和实景导览服务。文旅服务平台向游客提供景点导览、行程规划、分享点评、文创品订购、非遗文化学习等互动体验，最终达到宣传马桥镇的风俗民情、特色景点和文创产品等效果。小镇原住居民则可以在平台上售卖自己设计、生产的马桥特色文创产品，通过平台打通与外界的交流与合作。

7.5.5　马桥小镇特色文创产品设计

运用图7-16与图7-17中的视觉元素进行随行吸管杯造型设计，如图7-19所示。将手狮舞的各种动作姿态与吸管巧妙结合，在杯身同样添加相关图形元素，杯子整体配色与手狮舞视觉元素相呼应，当随行吸管杯被使用并被携带到各个场景时，起到了宣传手狮舞文化的作用。

图7-19　随行吸管杯

图7-20　立体日历

如图7-20所示是手狮舞立体日历设计，将图7-16中的视觉元素设计成立体玩偶造型放置在功能性日历上，产品显得既实用又美观，日历使用红绿两种颜色，使整体配色更协调。

如图7-21所示为抱枕设计，将图7-16中闹闹、嬲嬲和呆呆的形象与圆形抱枕相结合，抱枕颜色与狮头颜色相呼应，兼具实用性和艺术性。

如图7-22所示是鸭形壶书签设计，鸭形壶是马桥先民所使用的饮用器具，20世纪90年代出土于马桥遗址。书签上半部分为鸭形壶的抽象形态，下半部分是回形针状书签夹。将书签夹在书页中并合上书籍，鸭形壶形象会出现在书籍上方，犹如正向读者默默讲述着古老的马桥文化。

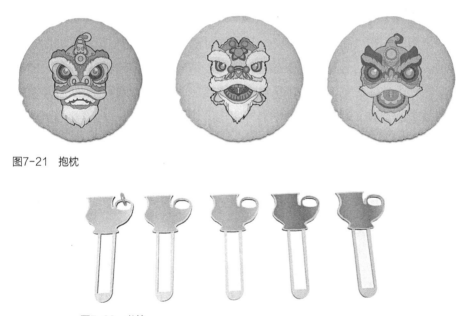

图7-21　抱枕

图7-22　书签

7.5.6　文旅服务平台App设计

如图7-23～图7-25所示为文旅服务平台App设计，登录后可以浏览马桥特色景点，获取相关游览信息以及人文知识，可根据实景地图进行路线规划，获得个性化旅游定制套餐推送，旅游结束后还可以订购心仪的文创纪念品。

图7-23　文旅服务平台App
设计1

图7-24　文旅服务平台App
设计2

图7-25　文旅服务平台App
设计3

7.6　结语

　　传统的游览方式是通过导游讲解或文字导览形式，过于刻板且无法提供个性化服务，游客在游玩全过程中往往流于形式，无法享受沉浸式的文化解读和学习过程。乡村文旅是注重传统文化传播、寓教于游的一种旅游形式，越来越多的游客期望在其中能收获愉快舒适的文化体验。另一方面，文旅特色小镇以文化推广与传播为核心定位，借助先进的人工智能技术向信息化和智慧化发展，也是顺应国家趋势的调整与转型。马桥镇智慧文旅服务系统设计将传统旅游中游客对于景点文化的被动感知转化为基于游客个性化特征推送定制服务的主动体验，增强了旅游趣味性，加深了游客与文化之间的情感链接，搭建了多样化的人工智能旅游新场景服务系统。

第七章注释

　　本章节方案分析与设计：施袁媛、王薇、林豪、朱鬶龙、李佳怡、房小璐。指导：朱彦。

参考文献

［1］　陈兴义. 设计是创造性扶贫的"协调人"——陈兴义谈设计与扶贫［J］. 设计，2020，33（18）：34-39.

［2］　段东，刘昱岑，叶德辉. 设计扶贫研究综述［J］. 包装工程，2021，42（16）：266-273+279.

［3］　张晴，娄明，刘洋，等. 服务设计视角下乡村旅游创新研究［J］. 包装工程，2022，43（02）：192-199.

［4］　张乃请. 马桥手狮舞［M］. 上海：上海人民出版社，2011.

［5］　快懂百科. 马桥遗址［DB/OL］. 2020-01-01［2022-10-11］. http://www.baike.com/wiki/马桥遗址.

［6］　新华社. 探秘马桥文化：追寻上海"海纳百川"文化之源［EB/OL］. 2018-10-15［2022-10-11］. https://baijiahao.baidu.com/s?id=1614379834614619344&wfr=spider&for=pc.

［7］　荆洁. 城市化背景下上海马桥手狮舞的传承研究［D］. 上海：上海体育学院，2015.

［8］ 官敏燕. 城市化进程中非物质文化遗产——基于保护层面的理念建构［J］. 辽宁行政学院学报，2013，15（07）：161-163.

［9］ 郭慧丽. 城市化进程中非物质文化遗产保护的若干思考——以邯郸市非物质文化遗产为例［J］. 河北工程大学学报（社会科学版），2010，27（04）：122-124.

［10］张军军. 基于国际旅游岛建设背景下——城市化进程中"非遗"保护与发展策略［C］//.当代海南论坛2011冬季峰会——让旅游插上文化的翅膀：海南旅游与文化融合发展论文集. 海南省社会科学界联合会，2011：66-75.

［11］王楠. 面向全域旅游的乡村服务设计研究——以宁波松岙镇为例［J］. 装饰，2017（05）：142-143.

［12］费文杰，方梦阳. 文旅融合背景下特色小镇智慧服务平台设计探索［J］. 智能城市，2019，5（21）：7-9.

［13］GRIFFITHS, M. Computer game playing in early adolescence［J］. Youth and Society, 1997, 29 (2): 223-237.

第八章

智慧启蒙
——智慧幼儿教育服务
系统设计

1987年，美国幼儿教育协会首次提出发展适宜性教育（Developmentally Appropriate Practice, DAP），明确指出教育需要基于不同年龄儿童生理与心理的实际发育情况，主动适应儿童需求并帮助其达到一定目标。这一文件的发布对全世界学龄前教育产生了极其深远的影响，诸多中国教育专家、学校及培训机构纷纷将其作为指导学龄前儿童教育教学方案设计与评估的重要标准[1]。为深入贯彻《国家中长期教育改革和发展规划纲要（2010—2020年）》和《国务院关于当前发展学前教育的若干意见》，教育部于2012年10月9日颁布《3—6岁儿童学习与发展指南》，从健康、语言、社会、科学、艺术五个领域描述不同年龄段儿童的学习与发展，为学龄前教育做出了科学指导[2]。

8.1　相关研究理论

8.1.1　发展适宜性教育理论

自1987年美国幼儿教育协会首次提出发展适宜性教育理念后，国内外诸多教育学者纷纷对与其相关的学龄前儿童课程设计和教育指导进行了深入研究，研究提出了很多颇具价值的理论与实践成果，也推动着发展适宜性教育理念的进一步完善。美国幼儿教育协会分别于1997年和2009年两次修订了相关文件，拓展了发展适宜性教育的内涵与特征[3]，主要包括以下三方面。

8.1.1.1　年龄适宜性

研究认为，年龄相同的儿童一般来说在行为、认知和情感方面具有共同的特点，教育者应该充分认识并遵循各个年龄段儿童的发育发展水平，通过认真探究学龄前儿童在不同阶段的生理与心理发展规律，制定针对不同年龄段儿童的分层次教育教学方案，以更好地满足儿童需求。

8.1.1.2　个体适宜性

同年龄段的儿童具有一定的共性，但也存在着个体差异性，教育者应将每个儿童作为独立的个体，充分考虑他们的个性化需求。在国内学前教育中，教师通常会以班级为单位，组织实施面向全班的教学活动，进行听、说、读、写等一系列"满堂灌"式教学，带领学龄前儿童提前迈入小学化教育阶段。发展适宜性教育认为应根据每个儿童的兴趣爱好和优势特长施以个性化的教学方案，以充分激发每一个儿童的学习积极性。

8.1.1.3　文化适宜性

每个儿童所处的原生家庭不同，潜移默化中会形成儿童不同的人生观与价值观。自20世纪90年代以来，文化适宜性作为一个重要因素在学龄前儿童教育中渐渐凸显，与年龄适宜性和个体适宜性并列成为发展适宜性教育理念的三大重要内涵。研究认为，身处不同国家、不同地区和不同家庭中的儿童，会拥有不同的文化水平、心理状况与价值诉求，教育应该充分考虑儿童在生活与文化环境方面的差异性，制定相应的教育教学方案。

由此可见，发展适宜性教育理念在长期的发展与实践过程中不断完善着相关理论体系的建构，并成为开放、包容与多元的儿童教育教学和课程方案设计的指南框架。

8.1.2　教育部《3—6岁儿童学习与发展指南》简介

教育部颁布的《3—6岁儿童学习与发展指南》以促进学龄前儿童体、智、德、美各方面的协调发展为核心，提出3～6岁各年龄段儿童学习与发展目标和相应的教育建议，以帮助教育者更好地了解3～6岁幼儿学习与发展的基本规律和特点，并能实施合理而科学的教育方案。文件主要从健康、语言、社会、科学、艺术五个领域描述幼儿的学习与发展，每个领域按照幼儿学习与发展最基本、最重要的内容划分为若干方面，每个方面由学习与发展目标和教育建议两部分组成，目标部分分别针对3～4岁、4～5岁、5～6岁三个年龄段的儿童可以达到怎样的发展水平提出了合理期望；教育建议部分列举了一些能够有效帮助和促进幼儿学习与发展的教育途径与方法。

如针对科学领域中的科学探究这一指标中细分目标2——具有初步的探究能力，按照儿童年龄段划分为如表8-1所列的不同层级内容。

如科学领域中的数学认知，目标3——感知形状与空间关系按照年龄段细分为如表8-2中所列内容。

表8-1　目标2具有初步的探究能力

3~4岁	4~5岁	5~6岁
对感兴趣的事物能仔细观察，发现其明显特征；能用多种感官或动作去探索物体，关注动作所产生的结果	能对事物或现象进行观察比较，发现其相同与不同之处；能根据观察结果提出问题，并大胆猜测答案；能通过简单的调查收集信息；能用图画或其他符号进行记录	能通过观察、比较与分析，发现并描述不同种类物体的特征或某个事物前后的变化；能用一定的方法验证自己的猜测；在成人的帮助下能制定简单的调查计划并执行；能用数字、图画、图表或其他符号记录；探究中能与他人合作、交流

表8-2　目标3感知形状与空间关系

3~4岁	4~5岁	5~6岁
能注意物体较明显的形状特征，并能用自己的语言描述；能感知物体基本的空间位置与方位，理解上下、前后、里外等方位词	能感知物体的形体结构特征，画出或拼搭出该物体的造型；能感知和发现常见几何图形的基本特征，并能进行分类；能使用上下、前后、里外、中间、旁边等方位词描述物体的位置和运动方向	能用常见的几何形体有创意地拼搭和画出物体的造型；能按语言指示或根据简单示意图正确取放物品；能辨别自己的左右

8.1.3　游戏学习理论

游戏对儿童的身心发展有着全面而系统的影响，众多学者通过研究发现，游戏对儿童的生理、心理及社会交往都有着积极的促进作用：儿童在游戏中能锻炼运动协调能力和精细动作能力[4]，通过有目的的创设游戏情境和预设游戏任务可以使儿童在游戏中完成自主运动。儿童在游戏中还能锻炼语言表达能力、认知事物能力以及创造性解决困难的能力，通过游戏可以构建儿童对于世界的认知[5]。此外，游戏能促进儿童人际交往和参与社会活动的意识，在游戏中儿童会建立临时群体、发挥团队合作并积极互帮互助，有利于儿童的身心和谐发展。

著名思想家卢梭认为，教育应该遵循人性发展的顺序[6]。学龄前儿童的天性是玩乐与游戏，因此学龄前教育必须尊重儿童天性，让儿童在"玩中学"，才能真正做到寓教于乐，使儿童在享受快乐童年时光的过程中同步进行知识积累和素质培养。

　　Jesse Schell认为游戏包含四个基本要素[7]：第一是机制，指游戏的过程和规则，表达了游戏目标以及完成目标的方式；第二是故事，指游戏中事件展开的顺序，故事可能是预先设定的，也可能是随机发生的，需要设计恰当的机制来触发事件情境的进程；第三是美学，指游戏的外观、声音、气味或味道，通常由玩家在游戏过程中产生的体验所影响；第四是技术，指一种能让游戏实现的材质与交互媒介，能让玩家在游戏中完成特定的任务。游戏学习理论主要是指在学习环境中预先设定游戏场景，通过合理设计游戏的机制、故事、美学和技术这四个基本要素，让学习者提高学习兴趣和增强沉浸体验，最终达成学习目标。学者Simon研究发现，学习中的游戏不仅可以锻炼学习者的相关技能，还能培养学习者的综合素质[8]。随着当今世界的多元化发展与教育信息输入方式的多样化选择，游戏对于教育的影响作用越来越显著，在游戏中开展学习能提高学习积极性、加深知识理解度、拓展认知宽广度、培养思维创新力。

　　互联网和人工智能技术极大地改变了当今的教育模式，使得传统的线下课堂教学慢慢转变为数字化在线教学与线下教学相结合的方式。通过互联网传授教学内容这一形式也逐步渗透学龄前儿童教育行业，各类儿童教育应用软件和App不断涌入市场，为各个年龄段的儿童提供识字、绘画、编程、英语、思维等多个领域的数字化教学服务。数字教育教学形式具有学习方式灵活、互动交流便捷以及教程资源海量的特点，可以充分拓展与丰富学龄前儿童的教育教学方式。

8.2　学龄前儿童特征分析

　　学龄前儿童一般指还没有入学接受教育的儿童，我国规定儿童开始入学接受义务教育的年龄是6岁，因此一般将3～6岁的儿童定义为学龄前儿童。与婴幼儿相比，学龄前儿童的生理、心理和社会交往方面都产生了快速的发展变化，这一时期是智商、情商发育和人生观形成的重要时期，掌握学龄前儿童特征并对其进行有针对性的学前启蒙教育非常关键，需要根据学龄前儿童的特征选择合适的学习方式或形式，以获得最好的学习效果。

8.2.1 生理特征

学龄前儿童经历着飞速生长的发育阶段。视觉方面，5～6岁的儿童观察事物的视野范围基本达到成年人的水平，也基本具备对不同色彩的分辨能力，一般会通过观察事物的外观去判断事物的主要特性，能分辨不同的物体形状和位置关系，进行简单的归类与排序，这一时期，事物的色彩与形态是最重要的视觉影响因素。听觉方面，学龄前儿童的听觉感受存在着较明显的个体差异，总体而言，听觉能力会受周围环境的影响，并随着儿童年龄的增长而不断趋向完善。触觉方面，学龄前儿童会通过触摸去感受物体的大小、轻重、软硬等属性，由此来认识周围的事物。运动能力方面，学龄前儿童的大动作能力进一步得到发展，精细动作能力和身体协调能力也进一步趋于完善，可以积极抓握各种物体，完成较复杂的拼搭、连接、组装等操作。

8.2.2 心理特征

学龄前儿童具象思维能力较强，擅长对事物进行模仿与重现，尤其喜欢模仿动画片中经典角色的语言和行为，但抽象思维能力较弱，需要借助实物比拟才能进行抽象思考以发现事物的内在逻辑关系。这一时期的儿童情绪易兴奋，心情波动较大，自我控制能力较弱，对事物的探索及求知欲望较强，并逐步形成鲜明的个性特征。学龄前儿童的注意力易分散且稳定性差，一旦受到外界影响，注意力就很容易发生迁移，随着年龄的增长，注意力的集中程度和稳定程度会有大幅提升。这一时期儿童的情感开始往高级水平发展，道德感与美感进一步增强，在幼儿园集体生活环境中逐步形成的各类行为规范帮助其树立了基本的道德感，并且对事物的美与丑具备了一定的评判标准。

8.2.3 社会特征

学龄前儿童在社会领域的适应与学习是建立和健全其自身人格的重要过程。儿童在与家人、同龄人和老师等人交往的过程中，不断适应着社会准则，完善自己的社会性，促进身心和谐发展。这一时期，儿童渴望独立参加各类人际交往活动，但又缺乏独立活动的能力与经验，对父母有亲密的依恋心理，非常喜欢亲子互动陪伴所营造出的安全、愉快和轻松的气氛，父母通过恰当的言传身教可以引导儿童形成诸多良好的生活与学习习惯。

总之，学龄前儿童的生理、心理及社会发展是相互影响和渗透的，应注意帮助和培养儿童的全面协调发展，也应理解儿童的发展在每个阶段都会表现出这一年龄段所特有的代表特征。此外，每个儿童个体在发展过程中的进度不完全一样，存在着明显的个体差异。学龄前儿童的学习主要建立在具象的体验和感知基础上，善于通过动手实践和亲身感知去获得直观的感性知识，教育教学应创设游戏和生活化的场景，充分激发儿童的学习兴趣，重视培养儿童的学习能力，引导儿童逐步形成勇于探索、善于观察和乐于创造的学习品质。

8.3　智慧幼儿教育服务系统设计策略

8.3.1　设计理念与研究框架

本研究基于发展适宜性教育理念，对3～6岁儿童的身心发展规律以及个体差异展开深入探究，并根据教育部《3—6岁儿童学习与发展指南》文件分级设计面向不同年龄段的学龄前儿童智慧教育课程，全程通过游戏方式实施互动教学内容，充分体现了尊重儿童个性需求、促进儿童全面发展的核心理念。

本研究提出的教育系统教学目标如下：

（1）逻辑推理：具有初步的探究能力，在探究中认识周围事物和现象。

（2）观察记忆：能感知形状与空间关系，感知和理解数、量及数量关系。

（3）常识认知：具有良好的生活与卫生习惯，具有基本的安全知识和自我保护能力。

（4）艺术创意：具有初步的艺术表现与创造能力，喜欢自然界与生活中美的事物。

（5）运动协调：手的动作灵活协调，具有一定的适应能力。

以教学目标为导向，构建具体的教育系统互动设计思路如下：

（1）逻辑推理：培养儿童自己解决问题的能力，教会儿童有策略、有目的检索场景，从而有计划地完成目标，能了解事件先后顺序的逻辑。

（2）观察记忆：通过卡牌配对、同物归类、寻找目标、顺序记忆等教学互动，培养儿童对细节的观察能力，提高儿童对于短暂场景的记忆能力。

（3）常识认知：进行包括日常生活、数学基础、世界认知等多方面的常识教育，让儿童在游戏中建立对世界和生活的初步了解。

（4）艺术创意：培养儿童的艺术思维，教会儿童图形辨识与色彩搭配的能力。

（5）运动协调：培养儿童的敏捷度与平衡感，锻炼儿童手指的灵活性以及对距离感、时间感和平衡性的把控能力。

8.3.2　市场同类产品分析

当今社会已快速迈进大数据和人工智能时代，社会生活的各个领域都与智能电子产品深度绑定，智能终端产品也逐渐成为学龄前儿童接受教育信息的一个重要途径。根据统计数据显示，至2015年约有50%以上的学龄前儿童经常使用智能电视、智能手机或平板电脑学习各类学龄前教育课程[9]，且使用人数逐年持续攀升。学龄前教育智慧课程资源以生动有趣的界面形式和互动方式与儿童交流，能较好地启发儿童智力、激发儿童潜力。纵观市场同类产品，其设计良莠不齐，有些产品单纯模仿爆款产品，在内容科学性、交互合理性及视觉美观性等方面仍然存在一些问题，如缺乏有效的图形引导指示、操作动作设置过于复杂、没有根据学龄前儿童的认知发展水平设计交互内容。在数字智能时代，智慧启蒙教育课程在学龄前儿童教育中会起到越来越重要的作用，一款优秀的产品需要从儿童认知发展水平着手做深入研究，通过合理的互动与反馈机制充分调动儿童的学习积极性，使儿童在游戏过程中完成启蒙学习。

本研究以当前市场上评级较好、用户数较多的七款应用产品为例，对其投放的智能终端形式、适用儿童的具体年龄分级以及应用课程的互动教学方式做了梳理，结果以表8-3～表8-5呈现。

表8-3　应用课程概况

序号	应用产品名称	推出年份	TV端	iOS/Android
1	小伴龙	2016年	2019年	2018年
2	宝宝巴士	2011年	2016年	2011年

续表

序号	应用产品名称	推出年份	TV端	iOS/Android
3	兔小贝	2012年	2016年	2015年
4	熊猫博士	2012年	2018年	2012年
5	脑力大冒险	2018年	2019年	2019年
6	瓜瓜龙启蒙	2020年	无	2020年
7	巧虎早教成长记	2021年	无	2021年

表8-4　覆盖用户年龄段

序号	应用产品名称	1岁	2岁	3岁	4岁	5岁	6岁	7岁	8岁
1	小伴龙								
2	宝宝巴士								
3	兔小贝								
4	熊猫博士								
5	脑力大冒险								
6	瓜瓜龙启蒙								
7	巧虎早教成长记								

表8-5　应用内容形式

序号	应用产品名称	IP	视频	儿歌	绘本	小游戏
1	小伴龙	●	●	●	●	●
2	宝宝巴士	●	●	●	●	●
3	兔小贝	●	●	●	●	●
4	熊猫博士	●	●	●	●	●
5	脑力大冒险	●				
6	瓜瓜龙启蒙	●	●	●	●	●
7	巧虎早教成长记	●	●	●	●	●

结合本研究的设计理念与研究框架，寻找当前应用产品的市场空隙点，力争做到"专而精"，确定本研究中的智慧幼儿教育系统主要面向3～6岁的学龄前儿童，应用内容的互动聚焦在小游戏形式，投放的智能终端主要为大屏智能电视，同时在手机端微信小程序以及电脑端也可以使用。

8.3.3 目标用户研究

本研究中的智慧幼儿教育服务系统有两类目标用户人群，包括学龄前儿童和他们的父母。儿童是系统的直接使用者，父母与儿童共同完成系统中亲子互动游戏部分的学习，同时还是系统服务的购买者与维护者。因此，对这两类人群分别绘制用户画像。

学龄前儿童的身心飞速发展，每个年龄跨度的差异都较明显，因此将学龄前儿童又细分为3～4岁、4～5岁和5～6岁，如图8-1所示为该群体的用户画像。

当前，学龄前儿童的父母大多为20世纪90年代后出生，同时由于二孩、三孩政策的实行，"80后"也是学龄前儿童父母的主要组成人群。学龄前儿童的自我诉求能力与自主决定能力较弱，他们成长过程中，衣、食、玩、学等领域的消费很大程度上仍然会由父母做决策。因此，"80后"与"90后"父母成为儿童产品的重要消费力量，他们对互联网的使用需求较大、使用黏度较高，很能适应互联网时代下对智能产品的使用和交互，如图8-2所示是不同类型父母群体的用户画像。

图8-1 儿童群体用户画像

亲和型父母　　　　　　　专制型父母　　　　　　　放任型父母

在情感上对孩子关爱有加；注意育儿过程中的互相尊重，能主动理解孩子的愿望和需求，给孩子充分的发展空间；

养育孩子的过程中有适当的激励方法，引导说理多于苛责和绝对控制，鼓励多于惩罚和批评

对孩子的教育中管束过多，他们很少主动去理解宝宝的愿望和需求，要求孩子完全服从父母的意愿，父母的绝对权威取代了说理和引导，强有力的批评和惩罚多于表扬和鼓励

在情感上拒绝孩子，不能投入较多的精力和时间陪伴孩子；

对孩子的教育比较松散，缺乏细心的关爱和引导，没有必要的支持和约束

图8-2　父母群体用户画像

8.3.4　用户旅程图

研究通过观察家庭环境中的父母辅导学龄前儿童学习的场景，寻找问题突破点，力求通过科学而智能的交互系统设计实现对学龄前儿童的启蒙教育。主要运用了观察法与访谈法对样本家庭进行了调研，分析归纳得到的相关数据，绘制出儿童与父母在家庭启蒙学习中的用户旅程图（图8-3）。学习前，父母认真准备、选择适合的教材内容备课，儿童此时还未进入学习状态，仍然在自由活动与玩耍；学习阶段，父母和儿童刚开始都能保持较好的状态，父母仔细讲解，儿童认真听课。随着时间推移，儿童的注意力无法集中，频繁走神无法再认真听课，父母也开始陷入反复督促提醒的烦躁中，产生的负面情绪会影响到儿童，双方的情绪体验都走向低潮，教学效果越来越差直至学习过程结束。学习后，父母和儿童都感受到了解脱，儿童重新达到情绪高点，兴奋跑开玩耍，父母则陷入疲惫状态长久不能自拔。由此可见，传统的学习辅导模式仅依靠父母的语言说教，缺乏多样化的互动，儿童注意力的集中和稳定时间又较短，非常容易走神从而影响学习效果，父母在家庭启蒙学习中全程情绪都处于较低水平。需要从学龄前儿童身心特征着手研究开发多感官通道交互的启蒙教育系统。

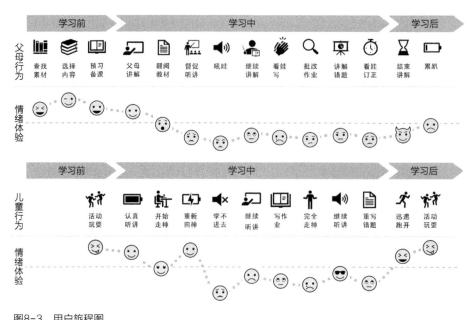

图8-3　用户旅程图

8.3.5　服务系统模型

如图8-4所示是智慧幼儿教育服务系统模型，本研究中的服务系统主要为学龄前儿童提供启蒙教育，通过智慧数字产品为父母与儿童创造互动学习

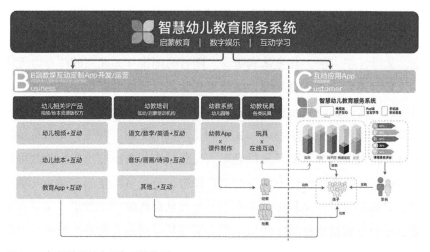

图8-4　智慧幼儿教育服务系统模型

体验。本服务系统可以和目前市场上的幼儿视频、绘本资源版权IP产品、幼教培训机构、幼儿园、幼教玩具等形成优势互补，为学龄前儿童提供集幼教、家教、社教和娱教一体的全方位教育服务，帮助幼儿身心全面发展。服务系统可以投放到智能电视端，供儿童与父母互动学习，也可在电脑端供儿童学习使用，父母可在手机端查看和管理相关课程资源。

8.4 智慧幼儿教育服务系统原型设计

产品取名为"艾因小萌班"，如图8-5所示，支持Android 4.4以上版本操作系统，所需主要设备是智能电视机顶盒，开发技术是H5+JS，不但出包速度快、效率高，而且应用所占内存小、加载速度快、跨平台便捷。产品致力于家庭智慧大屏的拓展性互动教育课程开发，让儿童和父母在智能电视、智能手机和电脑上都可以获得轻松有趣的互动学习体验（图8-6）。引导儿童通过直接感知、亲身体验和实际操作进行启蒙阶段的学习，通过观察、比较等方法学会发现问题、分析问题和解决问题，在游戏中加深对事物的认知和规律的理解，最终完成学习过程并养成良好的学习习惯。

图8-5 "艾因小萌班"产品形象

图8-6 产品投放终端

8.4.1 服务系统数据交互框架

如图8-7所示是服务系统数据交互框架图。

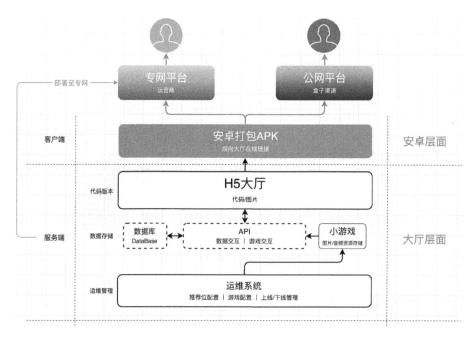

图8-7 服务系统数据交互框架图

8.4.2　服务系统使用流程图

服务系统使用流程如图8-8所示。

8.4.2.1　数据获取

用户进入大厅并发送用户ID，系统读取用户信息。

8.4.2.2　数据传输

（1）用户订购信息：购买时间与有效期。

（2）星星数据：小互动结束返回大厅发送互动结果（成功/失败），若成功，大厅向服务器发送用户ID、互动ID与获得的星星数量。

（3）打卡数据：用户打卡成功，大厅向服务器发送用户ID和打卡日期。

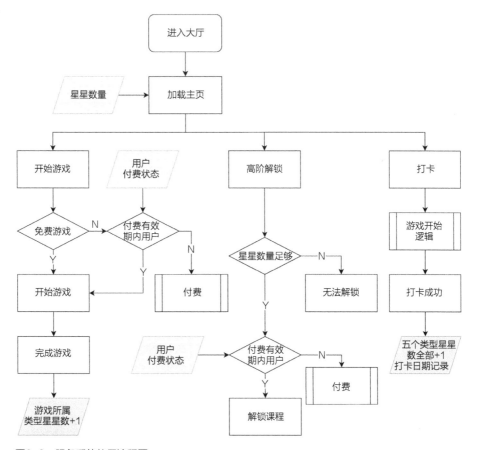

图8-8　服务系统使用流程图

8.4.2.3 数据整理

（1）用户ID。

（2）逻辑星星数量。

（3）观察星星数量。

（4）运动星星数量。

（5）艺术星星数量。

（6）常识星星数量。

（7）打卡总天数。

（8）最近两个月详细打卡日期。

（9）订购信息：订购包名、订单号、订购日期。

8.4.3 产品功能模块

产品功能模块结构规划如表8-6所示。

表8-6　功能模块结构

序号	位置	模块	一级	二级
1	启动	系统	启动/加载	
			更新提示	
			新手引导	
2	精选主页	特色模块	每日打卡	打卡列表/打卡记录/挑战互动
			艾因小萌宠	小萌宠乐园
			亲子大挑战	列表
		专区模块	专区	章节
		免费模块	免费互动	
3	常驻菜单	菜单模块	星星榜	技能评分/综合评分/奖状
			订购	会员信息/礼包/订单查询
			个人信息	头像/昵称/会员信息 星星/勋章数量
				收藏
				微信登录/退出
				荣耀时刻
				关于/新手解答/用户协议/联系我们

续表

序号	位置	模块	一级	二级
4	分区页面	互动模块	逻辑	章节/互动
			观察	章节/互动
			常识	章节/互动
			艺术	章节/互动
			运动	章节/互动

8.4.3.1　以精选主页中的特色模块为例

主要包含每日打卡、艾因小萌宠、亲子大挑战等功能页，也包括了各大主题专区与部分推荐互动。

（1）每日打卡：根据儿童的兴趣及互动完成情况每天随机推送五个不同类型的互动，在每日打卡界面打卡成功的互动可额外获得翻倍的星星奖励。通过每日打卡以较短的时间来进行更有趣、更全面的学习体验。父母可查看历史打卡记录，初步了解孩子的学习持续度。

（2）艾因小萌宠：以8个动物形象为原型，设定了如表8-7中所示的不同等级的萌宠角色，用户完成不同等级的互动或游戏即可解锁，与萌宠见面。

表8-7　艾因小萌宠

序号	艾因小萌宠	昵称	英文名	解锁方式	勋章名称	背景元素
1	胖猪		pig	完成一个互动	闪亮登场	亲亲农舍
2	猫头鹰	咕咕	owl	完成一个互动	好学不倦	森林树冠
3	小企鹅	叮叮	penguin	完成章节数字/认识数字Ⅱ	高阶达人	皑皑冰川
4	小奶牛	哞哞	cow	微信账户登录	小试牛刀	悠悠农场
5	小胖狗	汪汪	dog	完成章节数字/认识数字Ⅲ	一气呵成	黄黄土地
6	小绵羊	妙妙	sheep	完成10个互动	扬帆起航	青青草地
7	小海狮	咕咕	sealion	完成章节数字/认识数字Ⅰ	初生牛犊	海边礁石
8	小胖虎	东东	tiger	完成50个互动	最强大脑	森林树木

（3）亲子大挑战：设计不同的亲子互动游戏，鼓励父母与孩子充分交流，共同闯关迎接挑战。

8.4.3.2　常驻菜单中的菜单模块

包括星星榜、订购和个人信息。

（1）星星榜：父母可在星星榜界面查看儿童所有分区类型中获取的星星奖励总数，也可查看单个分区所获得的星星数量。

（2）订购：订购成为VIP会员之后可享受会员权益，解锁所有基础课程与闯关课程，以及艾因小萌宠、亲子大挑战等特色模块。订购类型包含首充订购、活动订购、单月订购、季度订购、年度订购等。

8.4.3.3　根据《3—6岁儿童学习与发展指南》细分

根据《3—6岁儿童学习与发展指南》中对学龄前儿童健康、语言、社会、科学、艺术五个领域的学习与发展能力细分，将分区页面中的互动模块设计为五大模块，模块内设计多个互动小游戏。

（1）逻辑推理：通过走迷宫、记住密码等互动游戏培养儿童解决问题、了解事件先后顺序的逻辑思维能力。

（2）观察记忆：通过卡牌配对、同物归类、寻找目标、顺序记忆等互动类别培养儿童对细节的观察能力，增强儿童对于短暂场景的记忆能力。

（3）常识认知：通过多种日常生活、数学基础、世界认知等常识互动游戏，让儿童建立对世界、社会与生活的初步认知。

（4）艺术创意：通过七巧板创意拼接、文物碎片复原、星星宇宙探察、美丽画布填色等游戏，培养儿童的艺术思维和审美能力。

（5）运动协调：通过快速点击、保持平衡、躲避障碍物等互动游戏，训练儿童的平衡感，提高手指的反应速度与灵活性。

8.4.4　原型设计

智慧幼儿教育服务系统的互动难度依据《3—6岁儿童学习与发展指南》中提出的儿童身心发展规律设定，如图8-9所示，分为简单、中等与困难三级递增模式。互动内容根据《3—6岁儿童学习与发展指南》中对学龄前儿童健康、语言、社会、科学、艺术五个领域的学习与发展能力细分，将智慧幼儿教育系统的内容框架归纳为逻辑推理、观察记忆、运动协调、常识认知、艺术创意五大技能模块，如图8-10所示，通过轻量的互动设置、趣味的互动内容、暖心的互动故事创造良好的使用体验。儿童可通过碎片化时间学习、亲子互动挑战、每日打卡等多种方式接受丰富趣味的启蒙互动教育，并逐步提高各个方面的能力与发展水平。互动形式则主要立足于发展适宜性教育理论，全方位、科学设定互动，给儿童提供更有趣、更全面的学习体验。

如图8-11所示，智慧幼儿教育服务系统根据儿童使用过程中的表现给

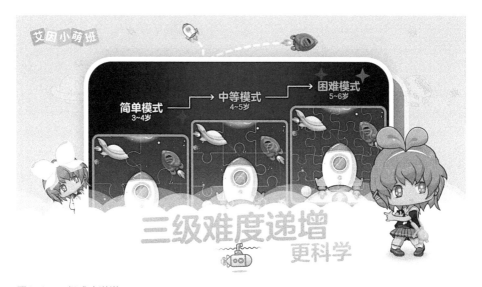

图8-9 三级难度递增

图8-10 五大技能模块

出成绩评定，父母能直观了解儿童的强项与弱势。儿童多次使用后，系统可以学习相关数据并智能推送适合儿童的个性化定制课程。

如图8-12～图8-15所示为系统功能模块的代表性页面设计。用户进入

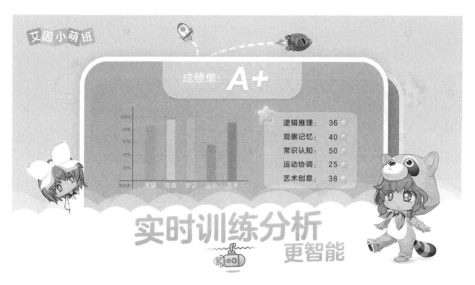

图8-11　实时训练分析

图8-12　启动加载页面

使用界面，系统会通过图片、语音、文字等多种互动反馈提示儿童，互动故事暖心的情感设定可以吸引儿童快速进入学习情境，儿童每次完成游戏互动学习都会获得一定数量的星星奖励。

图8-13　每日打卡页面

图8-14　艾因小萌宠页面

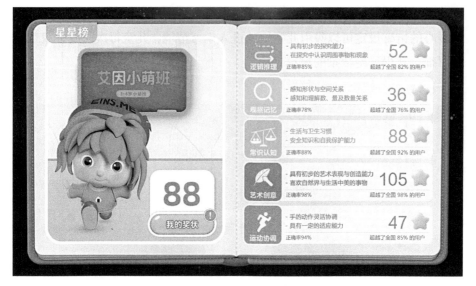

图8-15　星星榜页面

8.5　结语

　　智慧幼儿教育服务系统"艾因小萌班"重点聚焦学龄前儿童亲子互动游戏形式的益智启蒙教育课程开发，与幼儿园教育、家庭教育、校外培训教育形成差异化竞争，具有明显的优势，产品贯彻国家素质教育和双减政策，碎片化的游戏学习有效避免了儿童过长时间沉迷于电子产品，科学的分级体系使儿童更容易开展学习过程，亲子互动学习使家庭亲子关系更加融洽。相关数据显示，全国拥有学龄前儿童的家庭有5000万个以上，平均每个家庭每月在孩子教育上的消费约为500元，由此可见产品的市场规模具有较大发展潜力。

第八章注释

　　本章节中产品方案为产教融合项目研究成果，企业：上海艾因思萌信息科技有限公司 方案设计：庄向斌、裴卓妮。

参考文献

［1］ Bredekamp, S. Developmentally appropriate practice in early childhood programs serving children from birth through age 8［M］. Washington, DC: National Association for the Education of Young Children, 1987.

［2］ 教育部. 教育部关于印发《3—6岁儿童学习与发展指南》的通知［EB/OL］. 2012-10-09 ［2022-10-26］. http://www.moe.gov.cn/srcsite/A06/s3327/201210/t20121009_143254. html.

［3］ 梁玉华，庞丽娟. 发展适宜性教育：内涵、效果及其趋势［J］. 全球教育展望，2011，40（08）：53-59.

［4］ Gallahue, D. L. Motor development and movement skill acquisition in early childhood education. In B. Spodek (Ed.). Handbook of Research on the Education of Young Children［M］. New York: Macmillan Publishing Company. 1993.

［5］ 刘焱. 儿童游戏通论［M］. 北京：北京师范大学出版社，2008.

［6］ 杨嵘均. 回归人性：关于教育本质的再认知——兼论卢梭《爱弥儿》自然教育思想的当代价值［J］. 华南师范大学学报（社会科学版），2020（04）：58-70+190.

［7］ Jesse Schell. 游戏设计艺术［M］. 北京：电子工业出版社，2021.

［8］ Simon E. Third generation educational use of computer games［J］. Journal of Educational Multimedia and Hypermedia, 2007, 16 (3): 263-281.

［9］ 艾瑞咨询. 2015年中国青少年及儿童互联网使用现状研究报告［EB/OL］. 2015-05-28 ［2022-10-26］. http://www.iresearch.com.cn/Detail/report?id=2383&isfree=0. Iresearch. Research Report on Internet Use of Chinese Youth and Children in 2015.

第九章

智慧水生
——智能饮水机服务系统设计

废弃塑料对环境的污染有目共睹。曾有研究学者的统计数据显示，迄今为止，人类生产的所有塑料数量为83亿吨，其中约63亿吨成为塑料垃圾，这些塑料垃圾有79%被填入垃圾填埋场或置于自然环境中。全球每年消耗2.45亿吨塑料，但只有14%的塑料包装被回收，33%被随意丢弃[1]。一次性塑料瓶是当前最主要的塑料垃圾，世界范围内平均每分钟就有上百万个塑料瓶装饮料售出，每秒钟就有约3500个空塑料瓶被丢弃。这些被随意丢弃的塑料瓶很多都汇入海洋，成为海洋污染的最主要源头。甚至，科学家在南极地域也发现了微塑料的存在。塑料自然降解需要数百年时间，其直接造成的环境污染对人类的影响不可估量。塑料垃圾正一步步威胁着人类赖以生存的自然环境，每一个社会人都应当以实际行动做出应对，以保护地球家园。

本研究是对国家实施"限塑令"政策的积极响应，体现了社会环境以及产品的可持续发展理念，有助于提高民众的绿色消费意识。研究重点针对传统饮水售卖机进行创新设计，精准把握目标消费群体需求，以当代年轻人喜闻乐见的盲盒产品形式为售卖刺激点，用硅胶杯替代塑料瓶，降低塑料制品在饮用水市场的运用比例。同时，引入大数据与物联网等智能技术，用户可以通过小程序实现日常饮水的自我监测与管理，满足了民众健康生活的需求。

9.1　PEST分析

PEST分析一般用来把握项目所处的宏观环境，通过分析政治（Politics）、经济（Economy）、社会（Society）和技术（Technology）四个要素可以从宏观层面评价其对战略研究目标制定的影响。

9.1.1　政治环境

党中央、国务院高度重视塑料污染治理工作，将制定"白色污染"综合治理方案列为重点改革任务。中央全面深化改革委员会第十次会议审议通过《关于进一步加强塑料污染治理的意见》（简称《意见》），对进一步加强塑料污染治理工作进行部署。2020年1月，经国务院同意，国家发展改革委、生态环境部印发《意见》，强调要以习近平新时代中国特色社会主义思想为指导，坚持以人民为中心，牢固树立新发展理念，有序禁止、限制部分塑料制品的生产、销售和使用，积极推广可循环易回收可降解替代产品，增加绿色产品供给，努力建设美丽中国[2]。

塑料作为一种重要的基础材料，在商贸流通领域的应用非常广泛，塑料制品特别是一次性塑料用品消耗量持续上升，给环境污染治理带来巨大的挑战。为进一步落实国家禁塑、限塑的相关规定要求，2020年8月，商务部办公厅出台《关于进一步加强商务领域塑料污染治理工作的通知》，贯彻落实中共中央、国务院关于塑料污染治理的决策部署，扎实做好商务领域塑料污染治理工作。文件聚焦商场、超市、集贸市场、餐饮、住宿、展会、电子商务等业态，对不可降解塑料袋、不可降解一次性塑料吸管、一次性塑料用品的使用做出了严格限制，并鼓励在绿色商场、绿色餐饮、电子商务平台、再生资源回收等工作中，充分发挥规划、标准、资金分配等政策导向作用，增加禁塑、限塑相关要求，推动商务领域塑料减量化的新模式、新业态发展[3]。

9.1.2　经济环境

在世界主要经济体持续复苏的背景下，我国经济发展总体稳中向好，人民的经济条件也稳步提高。人民消费水平的提高，为市场需求奠定了经济基础。相比在温饱时代只需要满足最基本的物质需求，如今人们更加注重自我价值的实现。随着人们消费水平的提高以及新消费形态的崛起，盲盒作为一种新颖的产品形式进入了大众视野。

盲盒的理念最早可以追溯到日本的"福袋"，在国内也有很多类似的产品销售形式，如干脆面或膨化食品搭配角色卡售卖。当今，市场上大火的盲盒一般是指外包装盒完全相同，但盒子内装有不同的小玩偶，只有买后拆开才能看到里面到底是哪一款玩偶形态。盲盒的定价一般不太高，大多数消费者都能承受，但是拆开包装盒那一瞬间新鲜的体验感以及集齐所有产品系列的推动力让人欲罢不能，使得年轻一代对盲盒的关注度不断攀升。2019年起，盲盒经济开始火爆成为一种普遍现象。

9.1.3 社会环境

当今社会的主力消费群体中，1995—2010年之间出生的年轻人占相当大比例，他们是浸润在大数据和互联网技术氛围中的时代弄潮儿，被称为"Z世代"。据统计，该群体数量已经有2亿多，占我国总人口数量的20%左右。"Z世代"善于表达自我、喜欢追求创新，以一种开放包容的心态去迎接所有的未知与不确定，丰富的物质资源供给使得他们更加注重体验式消费[4]。盲盒经济与互联网行业的融合为用户提供了高性价比的服务体验，吸引着更庞大的"Z世代"消费群体，打开盲盒时的不确定性、不断收集产品系列中的新款都是他们消费过程中值得津津乐道的趣事，在这个过程中他们不断实现着自身的价值诉求。

9.1.4 技术环境

社会已迈入大数据、物联网的智能时代，人们的社会交往在移动互联网的加持下变得迅速而简单，物联网也为产品与用户之间架构了全新的交互系统，智能产品依靠云计算具备了高效的运算处理能力。在盲盒产业中引入智能化的信息交互体验，可以增强用户黏度、扩大用户群体以及拓展用户社交。产品开发由注重单纯的产品硬件设计向全流程的服务设计研究转变，更加突出人与产品、服务之间的互动。

9.2 行业分析

9.2.1 饮用水行业分析

国家统计局统计数据显示，我国包装饮用水产量从2014—2017年持续上升，到2018年出现下降趋势，为8282.19万吨，同比下降13.15%；2019年，中国包装饮用水产量回升至9698.54万吨，同比增长17.1%；2020年中国包装饮用水产量下降至8685.9万吨，同比下降10.44%；2021年1—3月中国包装饮用水类产量为2017.3万吨，较去年同期增长23.79%。另一方面，我国瓶装水的市场零售量呈现稳步增长，由2013年的1200亿元，到2016年突破1500亿元大关，增长至2018年的1900亿元。

从瓶装水品类的零售额分布来看，天然矿泉水零售额最高，2019年达到121.9亿元，占瓶装饮用水零售额的60.44%；其次是天然水，零售额为27.5亿元，占比13.63%；然后是饮用纯净水，占比7.49%。第一梯队是高端天然矿泉水，售价基本在5～6元/500毫升；第二梯队是大众天然矿泉水，定价在3～5元/500毫升；第三、第四梯队是纯净水和矿物质水，定价在1～3元/500毫升。

在中国人传承多年的养生理念中，喝熟水是一个深入人心的健康定律。千百年来，将水烧开再饮用是大多数国人的习惯和共识。根据研究者对消费群体的观察与分析，约有94%的消费者会在家中饮用经过净化处理的水，其中48.6%的消费者更倾向于将水烧开后再饮用。熟水品类在国内有着稳定的消费需求，这是国内瓶装水变革的原动力，瓶装熟水在饮用水市场上越来越受欢迎。

9.2.2　盲盒产业分析

MOB研究院《2020盲盒经济洞察报告》显示，2019年我国盲盒行业市场规模为74亿元，预计2024年盲盒行业市场规模将达300亿元左右[5]。在购买盲盒的主力消费群体中，"Z世代"占据非常高的比例。从地域分布来看，在北京、上海、广州等一线城市，消费者对盲盒的热衷度更高。线下通过实体店或者售卖机购买盲盒是两种主要方式，因为在线下购买可以第一时间享受拆盲盒的刺激与快乐，也有的是消费者在逛街时不经意间被盲盒的外观所吸引后发生的冲动消费。盲盒精致与可爱的外观和拆盲盒的不确定性是吸引消费者购买的两大主要因素，18岁以下的消费者最容易跟风购买，而25岁左右的消费者最容易冲动购买。这些购买盲盒的"Z世代"除了热衷于盲盒消费，也是海淘达人、社交达人和二次元宅。

9.3　竞品分析

9.3.1　瓶装饮用水

瓶装水卫生、便携的特点使得其成为消费者出行的首选饮水方式，但随之也产生严重的环境污染。据统计，全球范围内每年都有近300万吨塑料被加工制作成塑料瓶用于饮用水包装。消费者饮水后大部分情况是将之随意丢弃，只有极少一部分空瓶被妥善回收，这些废弃的空塑料瓶自然降解需要上百年甚至更长时间，降解过程中所产生的不良化学成分会污染土壤、地下水源甚至海洋。

9.3.2　瓶装饮料

国家统计局数据显示，2020年全年中国瓶装饮料累计零售额达到2294亿元，比去年同期累计增长14%。截至2021年5月零售额为222亿元，同比增长19%。累计方面，2021年1—5月累计零售额达到1074亿元，与去年同期相比累计增长29.2%[6]。在健康生活理念的影响下，消费者选择瓶装饮料的同时也更愿意考虑选择瓶装饮用水。

9.3.3　公共场所直饮水机

近年来，随着城市服务意识的增强，越来越多的城市开始在人流密集的公园、广场等公共场所设置直饮水机设施，以方便民众使用。但据调查发现，目前公共场所的直饮水机数量并不多，且愿意直接饮用的人也比较少。相比较使用直饮水机喝水或接水，更多人偏向于用直饮水洗手。同时，在机器的管理和维护上，存在设备损坏、环境卫生差等问题，使得大多数直饮水机都沦为公共场所的摆设，使用直饮水机直接饮水也存在很大的卫生隐患。

9.4　STP分析

STP分析是进行产品策划和市场营销的有力武器，主要包括市场细分（Segmenting）、目标市场（Targeting）和市场定位（Positioning），这三个要素不是彼此孤立存在，而是互相影响、互相联系的。市场细分包括产品市场范围、潜在消费者需求和潜在消费者差异需求分析，目标市场分析则需要明确为哪一类消费人群服务、解决目标人群的哪些需求、是否能在满足基本需求外提供惊喜，市场定位则需要把产品或服务确定在目标市场中的某一位置上，明确其在目标市场上的竞争性定位。

9.4.1　市场细分

本研究中开发的相关产品主要面向具有以下需求的消费群体：第一，需要及时补充水分但又不想购买瓶装饮用水或自带杯子的人；第二，需要饮用温热水的人；第三，需要随时记录饮水量、重视自我健康管理的人；第四，对拆盲盒不确定性深深着迷的人。

9.4.2　目标市场

本研究对市场和自身优势机会等因素进行了系统评估，明确所开发的产品主要针对"Z世代"，他们对新奇、漂亮的产品具有浓厚的兴趣和较强的购买欲望，追求高品质的健康生活，希望能科学系统管理自己日常的饮水量。同时，也将习惯喝茶与热水的中老年人纳入潜在消费群体，兼顾考虑他们的需求，在产品投入市场后，通过简化购买流程步骤、消除程序操作障碍来吸引更多的中老年人，以扩大用户数量、提高用户黏度。

9.4.3　市场定位

分析目标市场上同类产品竞争状况，竞品主要包括自动饮料售卖机和传统饮水机。自动饮料售卖机出售的饮料或水都是塑料瓶包装，对环境会造成污染且负面影响深远。传统饮水机只能提供冷水或热水，用户如果想喝温水一般只能喝冷热水勾兑的"阴阳水"，无法做到精准控温。本研究中的智能饮水机力争塑造强有力的、与众不同的鲜明特征，并将其形象生动地传递给消费者，以获得他们的认可，主要从功能、构造、包装、交互、体验等因素展开设计研究与开发，使消费者能明显感觉和认识其与市场竞品之间的差别，在消费者心目中塑造独特的产品形象。

9.5　智能饮水机服务系统设计策略

运用SWOT分析方法深入探析智能饮水机服务系统设计内部能力的优势和劣势、影响其发展的外部因素、未来机会和潜在威胁。

9.5.1 优势

第一，智能产品技术日趋成熟。智能产品以数据驱动为主要标志，依靠云计算具备了高效的运算处理能力，推动了共享体验经济、参与共创模式的发展。移动支付技术的普及使电子货币成为日常消费中的主要交易形式。

第二，多种温度热水可供选择。相比较目前市场上同类产品仅能提供冷的瓶装水，提出符合国人饮水习惯的热饮水供应方案。

9.5.2 劣势

第一，设备投放位置受区域影响。自动饮水机常规投放在人流量较大的公共场所，如车站、地铁站、广场等，流动的使用者难以形成较为稳定的用户群体。

第二，产品造型与功能单一。现有自动饮水机售卖的瓶装水多采用塑料材质，瓶子外包装造型比较雷同。现有盲盒产品多为玩偶类的娱乐型产品，在使用价值上的体现不足。

9.5.3 机会

第一，国家对塑料污染治理的高度重视。党中央和政府相关部门接连发布相关文件，将治理"白色污染"列为重点任务，强调要有序禁止、限制部分塑料制品的生产、销售和使用，推广可循环、易回收、可降解的替代产品。

第二，饮用热水的习惯。众所周知，中国民众大都习惯饮用热水，他们认为将水煮开后能消灭原有水质中的部分微生物，对肠胃不会产生较强的刺激，同时还能驱寒保暖、强身健体、抵御寒病。

9.5.4 威胁

第一，管理维护存在一定难度。由于各地区产品更新速度不一致，在统一管理和维护方面有一定难度。

第二，包装瓶的工艺价格差异大。受饮用水瓶子造型差异的影响，某些特殊款式的瓶型可能开模成本较高，加工费用较贵。

9.5.5　SWOT矩阵图

根据上述分析，绘制如表9-1所示的智能饮水机服务系统设计策略SWOT矩阵图。

表9-1　SWOT矩阵图

外部因素	内部能力	
	优势（Strengths） 1. 智能产品技术日趋成熟 2. 多种温度热水可供选择	劣势（Weaknesses） 1. 设备投放位置受区域影响 2. 产品造型与功能单一
机会（Opportunities） 1. 国家对塑料污染治理的高度重视 2. 国人偏好饮用热水的习惯	结合优势与机会的策略 S1/O1：支持国家政策，选用硅胶作为售卖饮用水的包装材质 S1/O2：智能温控技术支持用户定制适宜温度的饮用水	结合劣势与机会的策略 W1/O1：增加产品投放点位，入驻住宅小区、酒店餐厅 W2/O1：充分发挥硅胶材质特点，引入盲盒设计理念，开发有特色的包装瓶
威胁（Threats） 1. 管理维护存在一定难度 2. 包装瓶的工艺价格差异大	结合优势与威胁的策略 S1/T1：借助大数据、物联网技术建立售后服务系统	结合劣势与威胁的策略 W1/T1：接入住宅小区、酒店餐厅物业管理系统，形成稳定的售后服务体系

9.6　智能饮水机服务系统设计研究

本研究的核心理念是"减少塑料垃圾，从带杯饮水开始"。智能饮水机服务系统通过售卖直饮水的方式，鼓励用户自带水杯饮水，同时也提供可循环使用的硅胶折叠水杯，减少污染排放，共建绿色家园。

9.6.1　目标用户画像

根据前期的研究与分析，将首要目标用户确定为"Z世代"，他们善于表达、热衷创新，重视消费过程中的未知体验，勇于迎接并享受不确定因素所带来的惊喜，如图9-1所示是目标用户画像。

图9-1 目标用户画像

9.6.2 故事板

运用故事板将典型目标用户的需求还原到使用情境中，通过用户、产品和环境的互动关系，从系统角度研究智能饮水机与服务之间的逻辑关系，以及设计应该重点关注的问题。通过构建场景原型，快速模拟用户使用产品的具体环境，描述用户如何使用产品与服务的细节，如图9-2所示以可视化方式表达了用户如何寻找并使用产品的过程。

9.6.3 用户旅程图

如图9-3所示是以目标用户为情景角色绘制的用户旅程图。以用户的一次地铁通勤旅程作为时间线，这期间发生的一系列用户行为构成核心内容，通过梳理用户在不同阶段行为而引发的想法或情感形成可视化的叙事内容。

图9-2　故事板

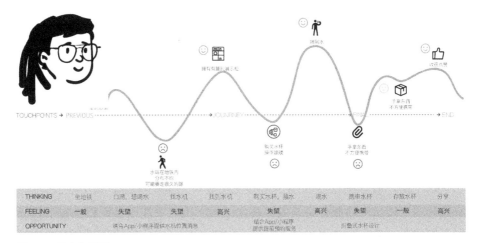

图9-3　用户旅程图

9.6.4 用户体验优化分析

根据用户旅程图中的情绪曲线图，重点针对三个情绪低谷进行交互体验设计，通过准确把握用户需求、优化产品使用体验来填平波谷部分，如图9-4所示：第一，针对智能饮水机设置点较难寻找的问题，从视觉导向设计以及小程序地图导航入手解决；第二，针对未带水杯的用户需要买水又买杯的频繁操作，设计更合理的支付方式及服务流程；第三，针对用户携带物品多的困境，考虑杯子造型的设计优化。

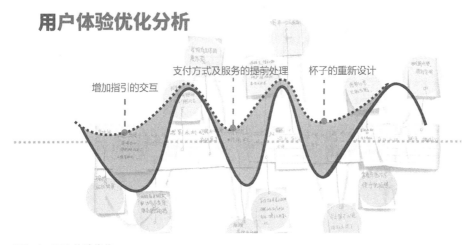

图9-4 用户体验优化

9.6.5 服务蓝图

基于用户旅程图绘制和用户体验优化分析，进一步绘制如图9-5所示的服务蓝图，展示产品服务系统的可视化结果，重点关注服务流程，包括智能饮水机前台、后台服务提供的互动行为以及支持行为，以便为服务系统使用流程设计、产品原型设计和饮水管理小程序App架构设计提供依据。

9.6.6 服务系统使用流程图

根据服务蓝图分析，进一步确定服务系统的使用流程，如图9-6所示。

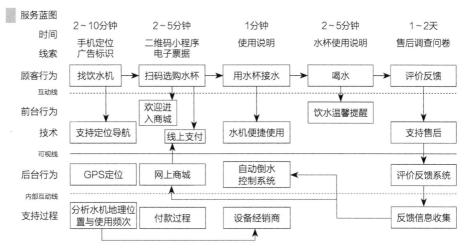

图9-5 服务蓝图

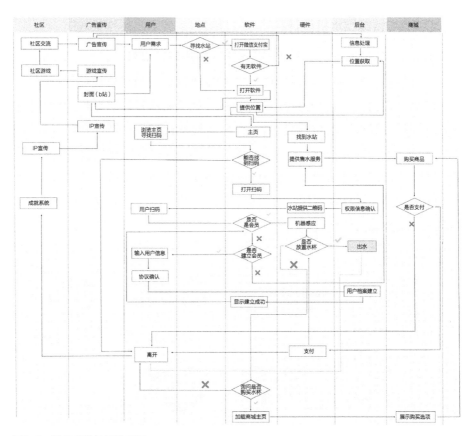

图9-6 服务系统使用流程图

9.7 智能饮水机服务系统原型设计

智能饮水机服务系统原型设计包括智能饮水机、折叠水杯和饮水管理小程序设计。智能饮水机可满足用户饮水的多样化需求：自带保温杯的用户可以购买冷水以及适宜温度的热水；其他用户可以购买硅胶折叠水杯后再买水饮用，杯盖造型以盲盒形式出现，满足了用户对于盲盒产品的追捧，希望集齐盲盒所有系列的欲望也会刺激用户不断去购买新的水杯。在交易付款方式方面同样也有多种选择：用户可通过手机扫码支付，也可用传统投币方式购买，消费后账号即时记录积分，方便下次发生消费行为时进行优惠奖励。饮水管理小程序能实时记录使用硅胶折叠杯的饮水量，便于用户进行自我健康管理。

9.7.1 智能饮水机设计

如图9-7所示为智能饮水机两款不同方案的设计草图。

如图9-8与图9-9所示为智能饮水机两款不同方案的产品效果图。

综合实用功能、加工工艺、交互体验、视觉展示等各个要素，评估后确定图9-9所示方案为最终产品造型。整机造型去除一切烦琐的装饰，采用简洁、干净、有力的直线型；外立面图案根据不同节日主题和盲盒主题定时更换，更能引起用户情感共鸣；可视化橱窗使盲盒水杯的展示效果更好，通过显示屏可以点击选择左侧橱窗内展示的商品；显示屏支持播放视频和图片，可远程实时投放宣传广告。

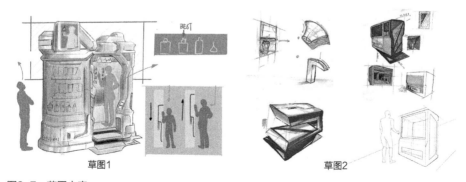

草图1　　　　　　　　　　　　草图2

图9-7　草图方案

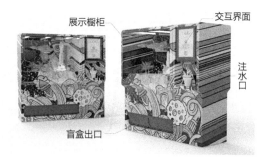

图9-8　产品效果图1　　　　　　　　图9-9　产品效果图2

9.7.2　折叠水杯设计

如图9-10和图9-11所示为智能饮水机售卖的饮水杯造型方案，设计过程中重点聚焦两个问题：一是如何让杯子更加便携；二是如何增加杯子的趣味性以提高使用频率。考虑到硅胶材质可反复使用，不会对环境产生污染，最终采用硅胶材质将杯子设计成可折叠结构，折叠后的杯体大约和成年人手掌面积一样大，可以很方便地存放在口袋或包中。杯盖造型设计融入了盲盒元素，杯盖上的握持部分设计成不同的玩偶造型，提升了杯子的趣味性，增加了产品的用户黏度。

图9-10　饮水杯造型方案1　　　　　　图9-11　饮水杯造型方案2

9.7.3　饮水管理小程序设计

如图9-12～图9-14所示为饮水管理小程序App设计，用户可使用小程序寻找智能饮水机、购买水和盲盒水杯、管理日常饮水、兑换积分和互动分享等。

图9-12　App设计1

图9-13　App设计2

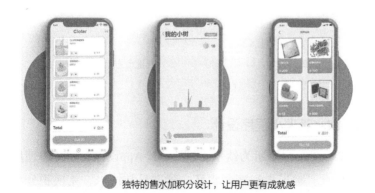

独特的售水加积分设计，让用户更有成就感

图9-14　App设计3

9.8 结语

　　本研究中的智能饮水机服务系统初期可投放在社区、交通枢纽、广场或学校，配合常规销售适时举办促销活动，能进一步扩大品牌影响力。随着消费需求升级与产品技术迭代，也可拓展更多元化的趣味盲盒饮水杯销售渠道，如在饮水管理小程序中接入电商平台售卖，能节约在线下智能饮水机内部售卖展示的空间和成本。提高已有用户参与度和持续发展新用户是确保整个服务系统维持良性循环的重要途径。饮水管理小程序中引入积分奖励机制能更好地促进销量，用户每次购买后都能获得相应的积分，当积分到一定分值时即可兑换礼品或者获得环保荣誉勋章。在可持续发展理念倡导下，借助先进的人工智能技术构建智能饮水机服务系统，是顺应党和政府发布的限塑、禁塑令与主动健康政策的积极举措。减少塑料制品使用、培养绿色消费习惯对人类社会具有长远而深刻的意义。

第九章注释

　　本章节方案分析与设计：师玮杰、陈家维、范佳艺、杨莞盈、季思娴。指导：朱彦、赵楠。

参考文献

［1］陈欣. 塑料瓶污染席卷全球［J］. 百科知识，2018（05）：6-10.

［2］生态环境部. 国家发展改革委 生态环境部印发《关于进一步加强塑料污染治理的意见》［EB/OL］. 2020-01-21［2022-10-18］. https://www.mee.gov.cn/xxgk2018/xxgk/xxgk15/202001/t20200121_760620.html.

［3］商务部办公厅. 关于进一步加强商务领域塑料污染治理工作的通知［J］. 中国食品，2020（18）：147-148.

［4］敖成兵. Z世代消费理念的多元特质、现实成因及亚文化意义［J］. 中国青年研究，2021（06）：100-106.

［5］MOB研究院. 2020盲盒经济洞察报告［EB/OL］. https://www.mob.com/mobdata/report/120.

［6］前瞻产业研究院. 中国饮料行业市场规模及产量规模统计分析［EB/OL］. 2021-08-11［2022-10-18］. https://www.sohu.com/a/482695432_99922905.